Arduino & 乐高
创意机器人制作教程

高 山 ◎ 著

清华大学出版社
北京

内 容 简 介

本书使用全球领先的 Arduino 与乐高结合进行机器人制作,使学生能够巧妙地搭建机器人的机械结构;运用 ArduBlock 图形化语言进行程序编写,从而提升学生学习程序的兴趣;使用多种传感器制作不同功能的机器人,在制作过程中让学生学习机器人制作的相关知识。

本书以授课的形式,通过大量的机器人实例和搭建配图讲解机器人机械结构搭建和程序设计知识。详细讲解齿轮、连杆等机器人基本机械结构的原理和应用,并且鼓励学生想象、思考,从而建构自己的机器人。

本书主要讲解 Arduino 的使用方法,包括一些电子电路知识、传感器的原理和知识,让学生在制作机器人的同时,理解和掌握更多的科学知识和原理。

本书适用于有一定乐高积木搭建基础的机器人初学者和开源硬件 Arduino 的创意机器人开发人员,既可以作为机器人初学者的学习用书,也可以作为中小学教师校本机器人课程的参考教材。

本书封面贴有清华大学出版社防伪标签,无标签者不得销售。
版权所有,侵权必究。侵权举报电话: 010-62782989 13701121933

图书在版编目(CIP)数据

Arduino & 乐高创意机器人制作教程/高山著. —北京: 清华大学出版社,2017
ISBN 978-7-302-45392-5

Ⅰ. ①A… Ⅱ. ①高… Ⅲ. ①智能机器人—教材 Ⅳ. ①TP242.6

中国版本图书馆 CIP 数据核字(2016)第 260167 号

责任编辑: 贾 斌 梅栾芳
封面设计: 刘 键
责任校对: 胡伟民
责任印制: 沈 露

出版发行: 清华大学出版社
网　　址: http://www.tup.com.cn, http://www.wqbook.com
地　　址: 北京清华大学学研大厦 A 座　　　　　邮　　编: 100084
社 总 机: 010-62770175　　　　　　　　　　　邮　　购: 010-62786544
投稿与读者服务: 010-62776969, c-service@tup.tsinghua.edu.cn
质量反馈: 010-62772015, zhiliang@tup.tsinghua.edu.cn
课件下载: http://www.tup.com.cn, 010-62795954
印 装 者: 北京嘉实印刷有限公司
经　　销: 全国新华书店
开　　本: 185mm×260mm　　　印　张: 12.5　　　字　数: 306 千字
版　　次: 2017 年 5 月第 1 版　　　　　　　　　印　次: 2017 年 5 月第 1 次印刷
印　　数: 1~3000
定　　价: 69.80 元

产品编号: 071238-01

前言　Preface

　　Arduino 是一款国际流行的开源硬件，本书创造性地将 Arduino 与乐高积木完美地结合在一起，学生通过制作机器人，既可以学习机械结构和程序设计的知识，又可以学习电子电路的知识及多种传感器的使用方法和科学原理。

　　2014 年笔者出版了《乐高 EV3 机器人初级教程》一书，获得了读者的一致好评，进入京东销售排行前 500 名。机器人的学习应该是可持续的，如何让学生从乐高式、积木式学习过渡到工业机器人制作或者创新作品研发，最终培养出创新型人才，这是教育者应始终思考的问题。学生对于机器人的学习应该是系统的、可持续的。本书的课程将乐高积木与全球最新的创客工具 Arduino 相结合，让学生利用 Arduino 继续深入学习机器人的知识，帮助他们将来独立开发和制作属于自己的机器人作品。

　　本书共 15 课，笔者以授课的方式由浅入深地讲授利用 Arduino 与乐高制作机器人的知识和方法，并通过大量机器人实例制作和搭建步骤图解让学生亲自制作和体验。本书适合中小学教师作为校本课程教材进行课堂教学，也适用于初学者学习 Arduino 的使用方法和智能机器人的制作。

　　本书穿插了笔者很多的制作经验和技巧，希望能给初学者一些启发和帮助。如果您有任何关于机器人方面的问题，欢迎共同探讨，可以发送邮件至 22012372@qq.com。

高山

2017 年 3 月

目录 Content

第1课　神奇的 Arduino　　　　　　　　　　1
第2课　会发光的 LED 灯　　　　　　　　　13
第3课　高尔夫球手　　　　　　　　　　　22
第4课　探照灯　　　　　　　　　　　　　32
第5课　捕鼠器　　　　　　　　　　　　　36
第6课　智能温控风扇　　　　　　　　　　43
第7课　胆小的蜘蛛　　　　　　　　　　　52
第8课　智能拐杖　　　　　　　　　　　　59
第9课　智能竹节虫　　　　　　　　　　　66
第10课　避障机器人　　　　　　　　　　　73
第11课　循线小车　　　　　　　　　　　　80
第12课　相扑机器人　　　　　　　　　　　84
第13课　会走路的机器人　　　　　　　　　90
第14课　太空运输机器人　　　　　　　　　95
第15课　红外遥控机器人　　　　　　　　　101

附录A　【我问你答】参考答案　　　　　　109
附录B　搭建参考　　　　　　　　　　　　112
　　表 B-1　会发光的 LED 灯搭建步骤　　　112
　　表 B-2　高尔夫球手搭建步骤　　　　　116
　　表 B-3　捕鼠器搭建步骤　　　　　　　123
　　表 B-4　智能温控风扇搭建步骤　　　　136
　　表 B-5　胆小的蜘蛛搭建步骤　　　　　145
　　表 B-6　智能拐杖搭建步骤　　　　　　160
　　表 B-7　智能竹节虫搭建步骤　　　　　170
　　表 B-8　红外遥控机器人搭建步骤　　　184
　　表 B-9　机器人套装组件清单　　　　　190

第 1 课 神奇的Arduino

Arduino被广泛应用于电子设计和互动艺术领域中,你可以把它当作是一种"科技艺术",也可以把它当成是一种"智能玩具",它的产品LOGO如图1-1所示。Arduino的发明和使用注定会使我们这个神奇的世界变得更加精彩!

图1-1 Arduino标志

课程目标

- 了解Arduino的历史和发展;
- 理解Arduino主板的功能和作用;
- 理解ArduBlock图形化编程的使用方法;
- 掌握程序的顺序结构和数字口LED灯的编程方法。

任务描述

- 利用Arduino控制板载LED灯的亮和灭;
- 编写程序控制LED灯,使其快速闪动2次,慢速闪动1次。

动手制作

1. Arduino主板介绍

Arduino主板是一种开源硬件,我们可以很方便地使用它,如果有足够的技术,我们还可以改造它。本书所使用的就是一款经过改造的Fansmaker Arduino Uno主板。Arduino主板就像人的大脑一样,可以对输入信息进行处理和控制并输出信息,如图1-2所示。

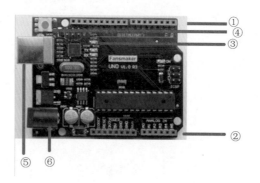

图 1-2　Arduino 主板

注：①数字口 D0～D13，共 14 个；②模拟口为 A_0～A_5，共 6 个；③板载 LED 灯、TX 和 RX 指示灯；④1 个复位键；⑤下载接口；⑥外接电源接口。

Arduino 控制主板体积小、重量轻，使用的是 ATMEGA328P 单片机，这款单片机是 8 位处理器，拥有 32KB 闪存、2KB 内存。

知识加油站

Arduino 的历史和发展

　　Arduino 是意大利米兰互动设计学院的教师发明的，它是一个开源的硬件开发平台，被广泛应用于机器人和智能产品开发。Massimo Banzi 是意大利米兰互动设计学院的教师，他的学生常常抱怨找不到一块价格便宜且功能强大的控制主板来设计他们的机器人。2005 年冬天，Banzi 和 David Cuartielles 讨论到这个问题，Cuartielles 是西班牙的微处理器设计工程师，当时正在这所学校做访问研究。经过讨论，他们决定自己设计一块控制主板。他们找来了 Banzi 的学生 David Mellis，让他编写代码程序。Mellis 只花了两天时间就完成了代码编写，又经过 3 天，主板就设计出来了，取名为 Arduino。很快，这块主板就受到了广大学生的欢迎。甚至那些完全不懂计算机编程的学生，都用 Arduino 做出了很炫的东西：有人用它控制和处理传感器，有人用它控制灯闪烁，有人用它制作机器人。

抛砖引玉

为什么要使用 Arduino 控制主板？

（1）Arduino 控制器价格低、易于普及。

（2）Arduino 控制器功能强大，I/O 接口数量多。

（3）Arduino 控制器可以连接常用的电子设备。

　　综上所述，Arduino 控制器成本低、易开发。实际上，Arduino 控制器的使用大大降低了人们创新的门槛，它非常适合教学和互动产品制作以及机器人研发。

第 1 课　神奇的 Arduino

2．安装 Arduino 软件

（1）复制文件夹 Arduino 到计算机桌面上，本书使用的 Arduino 版本是 v1.7.9，官方版本可以到 www.arduino.cc 下载，注意官方版本并不包括 ArduBlock 软件，还需要另行下载。本课所使用的软件包含 ArduBlock 软件，如图 1-3 所示。

图 1-3　复制文件夹到桌面

（2）打开 Arduino 文件夹，如图 1-4 所示，双击 arduino.exe 文件，打开 Arduino 编程界面，如图 1-5 所示。

（3）从"工具"菜单中选择 ArduBlock 选项，如图 1-6 所示，打开 ArduBlock 程序设计界面，如图 1-7 所示。

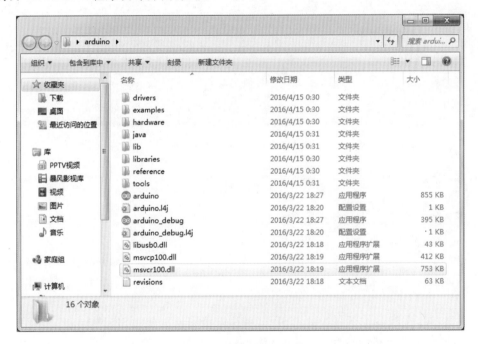

图 1-4　程序文件夹界面

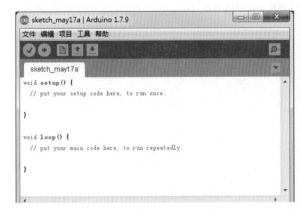

图 1-5　Arduino 程序界面

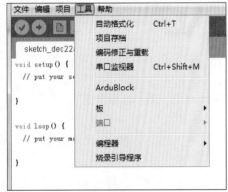

图 1-6　ArduBlock 选项界面

Arduino & 乐高创意机器人制作教程

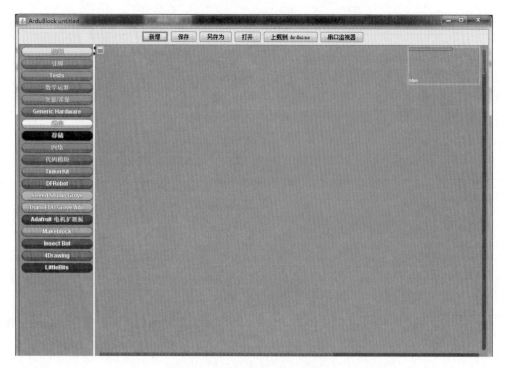

图 1-7　ArduBlock 程序界面

抛砖引玉

　　ArduBlock 程序是一种 G 语言,即图形化语言。它简单易学,初学者学习时很容易上手。本课程使用 ArduBlock 图形化软件编写程序。当然,也可以直接在 Arduino 界面编程,编程语言是 C 语言。如果需要编写比较复杂的程序,建议使用 C 语言编写。

　　(4) 连接下载线。将下载线的 USB 口一端连接到计算机 USB 口上,打印口(方口)一端连接到 Arduino 主板的下载口。

抛砖引玉

　　将下载线连接好后观察主板电源指示灯是否亮起,正常情况下红色电源指示灯会亮起,并且 Aduino Uno 主板的绿色 LED 灯会闪烁。如果电源指示灯没有亮起,要立即拔掉电源,以免烧掉设备,随后马上检查主板与其他扩展板的连接是否正确。笔者就遇到过连接不正确的情况,当扩展板插到主板时,如果不是一一对应,而是向前或向后错了一个针脚,极易引起主板的损坏,一定注意。

　　(5) 安装驱动程序。连接好下载线后,观察软件工具选项中的端口是否可以选择,如果不能选择,说明没有安装驱动程序,如图 1-8 所示,就需要手动安装驱动程序。

第1课 神奇的Arduino

安装驱动步骤如下。

① 右击"我的电脑"图标,选择"管理"—>"设备管理器"选项,如图1-9所示(确认下载线已经连接到Arduino主板上)。

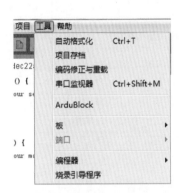

图1-8 端口不可选择

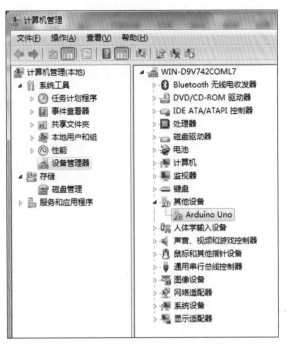

图1-9 设备管理器界面

② 右击Arduino Uno更新驱动程序,选择"浏览计算机以查找驱动程序软件",如图1-10所示。

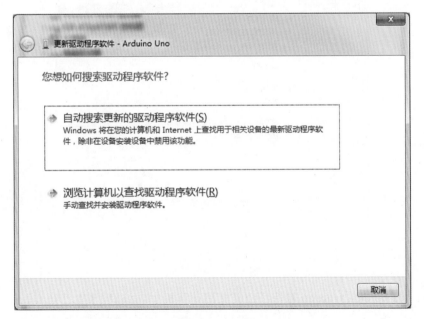

图1-10 选择"浏览计算机以查找驱动程序软件"

③ 单击"浏览"按钮，选择"Arduino 程序"文件夹中的 drivers 文件夹，如图 1-11 所示。

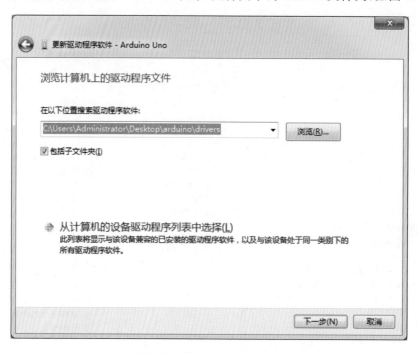

图 1-11　选择 drivers 文件夹

④ 安装完毕后，重新打开"工具"菜单，观察工具中的端口是否已经变为可选。如果已经变为可选，需要手动选择 COM 端口。一般正确的端口选项显示为 COM11（Arduino uno），注意端口前应该显示"√"，如图 1-12 所示。

图 1-12　选择端口

通过上面的步骤，Arduino 软件已经复制到计算机中，驱动程序也已经安装好了。

第 1 课　神奇的Arduino

程序设计

1. ArduBlock 简介

ArduBlock 是一款图形化编程软件,不需要编写代码,只需将图片模块放到编程区域进行连接就可以了,是一款非常适合于初学者学习的编程软件,ArduBlock 软件界面如图 1-13 所示。

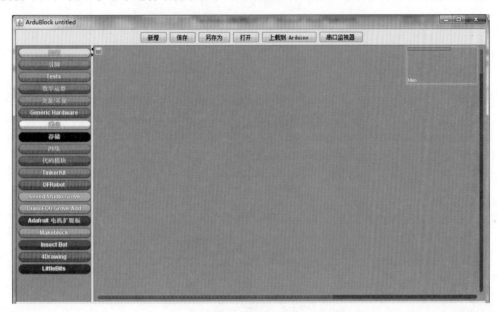

图 1-13　ArduBlock 软件界面

2. 板载 LED 灯

LED 灯是数字信号设备。主板上已经集成了几个板载 LED 灯,这节课要使用的是与数字针脚 13 相连通的 LED 灯,如图 1-2 中③所示。编写的程序要控制数字针脚 13 的输出值,从而控制板载 LED 灯的亮和灭,即输出高电平灯亮,输出低电平灯灭。

知识加油站

数字信号

有些事物只有两种状态,如门的开和关、灯的亮和灭、电机的转和不转,这种只有两种状态的信号称为数字信号。通常使用"高电平"和"低电平"表示,或者用 1 和 0 表示。由于数字信号受噪声的影响小,易于传输,目前已经得到广泛应用。

数字针脚

数字针脚可以连接数字信号的设备,如灯、电机或数字传感器。数字针脚的 3 个引脚分别是:正极(VCC)、地(Gnd)和数据引脚。

3. 控制板载灯程序

控制板载灯要求 LED 灯快速闪动 2 次，慢速闪动 1 次。程序如图 1-14 所示。

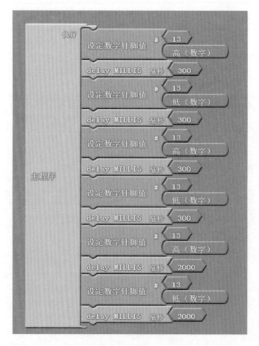

图 1-14　板载灯程序

顺序结构

控制 LED 灯的亮和灭的程序是从上往下依次执行的，这种程序结构就叫做顺序结构，它是程序设计的三种基本结构之一。程序设计的三种结构是顺序结构、循环结构和分支结构，其他两种结构将在后面的课程中逐一介绍。

（1）主程序

在左边的图片模块中选择"控制"—>"主程序"，如图 1-15 所示。程序先从主程序开始，才可以执行。而且，一个程序只能有一个主程序。注意，主程序里的语句会被循环执行。

在第一个程序模块 program 中有一个"设定"程序区域，程序如果被写在这个区域里面，只会被执行一次。通常情况下，定义的变量或端口会放在"设定"程序区域中。

第1课　神奇的Arduino

图 1-15　选择主程序

（2）设定数字针脚值

程序模块中选择"引脚"—>"设定数字针脚值"，如图 1-16 所示。模块上面的红色数值代表数字接口，下面的蓝色数值代表输出值，"高"代表灯亮，"低"代表灯灭。

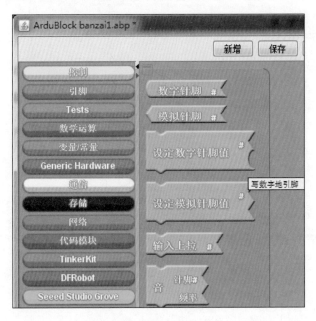

图 1-16　选择设定数字针脚

（3）延时时间

在左边的图片模块中选择"控制"—>"delay MILLIS 毫秒"，如图 1-17 所示。这个模块的使用是为了控制灯亮或灭的延续时间。时间单位为毫秒，1s＝1000ms。

图 1-17　延时 1s

4. 下载程序

单击 ArduBlock 图形化软件上方的"上载到 Arduino"按钮,如图 1-18 所示。将程序烧录到 Arduino 主板上,烧录过程中 Arduino 代码窗口会显示下载进度,如果显示"上传成功",表示程序已经烧录到 Arduino 主板上。

图 1-18　单击"上载到 Arduino"按钮

5. 保存程序

单击 ArduBlock 图形化软件上方的"保存"按钮,将图形化程序保存为扩展名为 abp 的程序文件,如图 1-19 所示。

图 1-19　保存文件

 抛砖引玉

板载的 LED 灯连接电源后绿灯会闪动,程序要求两次快闪,一次慢闪。虽然程序中只编写了一段程序,但是主程序会循环执行。因此,最后的执行效果是 LED 灯两次快闪一次慢闪,循环执行。

如果下载程序出现错误,通常有两种情况:一种情况是没有选择好"端口",请检查端口设置;另一种情况是下载线没有连接。如图 1-20 所示。

第 1 课 神奇的Arduino

图 1-20 程序下载出错

当弹出错误对话框时，如图 1-21 所示，这种情况通常是程序中图形模块没有连接好，出错的图形模块会出现黄色高光显示，此时将程序模块重新连接好即可。

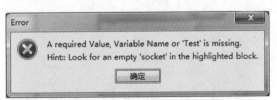

图 1-21 条件语句出错

▶完成效果

Arduino 控制板载灯亮和灭的完成效果如图 1-22 和图 1-23 所示。

图 1-22 板载灯灭

图 1-23 板载灯亮

Arduino & 乐高创意机器人制作教程

通电后，不要用手去触摸电路板，手触摸电路产生的静电会损坏电路。

▶ 我问你答

1. 如果 LED 灯只亮和灭一次，不循环执行，那么程序如何编写？请实践。

2. 请列举数字信号的设备还有哪些？

知识拓展

Arduino 名字的由来

意大利北部有一个如诗如画的小镇 Ivrea，横跨过蓝绿色 Dora Baltea 河，它最著名的是关于一位受压迫的国王的故事。公元 1002 年，国王 Arduino 成为国家的统治者，不幸的是两年后就被德国亨利二世国王废掉。今日，在这位无法成为新国王的 Arduino 出生地，Cobblestone 街上有家酒吧取名 di Re Arduino 以纪念这位国王。Banzi 经常光临这家酒吧，因此他将这个电子产品计划命名为 Arduino 以纪念这个地方。

Arduino 初始团队照片如图 1-24 所示。

图 1-24 Arduino 初始团队（Massimo Banzi 右一）

神奇的 Arduino

第 2 课　会发光的LED灯

LED(Light Emitting Diode)灯又称发光二极管,是一种能够直接将电能转化为可见光的固态半导体器件,如图 2-1 所示。

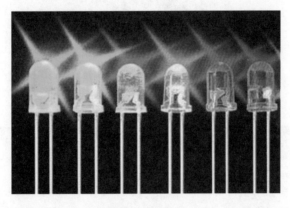

图 2-1　LED 灯

课程目标

- 熟练使用顺序结构控制 LED 灯的亮和灭;
- 理解 PWM 脉冲宽度调制技术并控制 LED 灯的明暗;
- 掌握程序的循环结构和呼吸灯的程序设计。

任务描述

- 制作台灯,编写程序控制台灯的亮或灭;
- 编写程序制作呼吸灯。

动手制作

1. 使用乐高积木搭建台灯

使用乐高积木能够很容易地搭建出台灯。本课台灯的结构利用乐高的梁和销进行搭建,如图 2-2 所示。

图 2-2　积木搭建的灯

知识加油站

乐高梁分为直梁和弯梁,如图 2-3 和 2-4 所示。为了搭建方便,也可以使用四边形梁,如图 2-5 所示。我们搭建的机器人主要依靠这几种梁搭建出不同的机器人结构。

图 2-3　直梁　　　　　　图 2-4　弯梁　　　　　　图 2-5　四边形梁

销分为黑色销和灰色销,如图 2-6 所示。黑色销和灰色销的区别在于,黑色销连接部分更加坚固,灰色销连接部分比较松动。当需要固定结构的时候,我们利用黑色销搭建;当需要转动结构的时候(如连杆机构),就可以利用灰色销搭建。

十字轴如图 2-7 所示,它可以很方便地连接两根梁,固定的时候两端连接轴套。

图 2-6　灰色销和黑色销　　　　　　图 2-7　十字轴

第 2 课　会发光的LED灯

抛砖引玉

使用乐高积木零件进行搭建更加简单、易学,可以在非常短的时间制作出满意的作品。使用的梁和销,相当于工业产品中的金属梁和螺丝钉。在熟练使用本套课件制作机器人后,同学们再去尝试金属零件的制作就轻而易举了。

2. 主板与 I/O 扩展板连接

将 I/O 扩展板插入 Arduino 主板上方,插针要与主板底座相对应,连接图如图 2-8 所示。

图 2-8　主板与 I/O 扩展板连接

知识加油站

I/O 扩展板

主板可以方便地与 I/O 扩展板相互连接。扩展板提供 14 个数字 3P 针脚、6 个模拟 3P 针脚;中部可直接插入 Xbee 封装的蓝牙、WiFi 和 Xbee 通信模块,并配有普通蓝牙模块、APC 和 SD 卡的扩展接口;扩展板角落接线柱为主控器和扩展板供电,中部接线柱为数字口上的舵机供电,如图 2-9 所示。

图 2-9　FansMaker I/O 扩展板

3. LED 灯与主板连接

LED 灯模块如图 2-10 所示。

图 2-10　LED 灯模块

 知识加油站

LED 灯的优点是体积小、发热量少、寿命长、省电、光源色彩丰富、抗冲击和抗震性能好、不易破损、安全性高。

LED 灯有 3 个引脚，VCC、GND、D 分别代表正极、地和数据。通过导线与主板的 3 个引脚对应连接，注意线序不要接错（颜色要对应），将 LED 灯连接到主板的数字 4 针脚上，如图 2-11 所示。

图 2-11　LED 灯与扩展板连接

 抛砖引玉

导线的颜色与数字针脚的颜色是对应的，分别是黑色、红色和蓝色，连接时黑色接大地，红色连接正极，蓝色连接数据，这样就不会出错了。注意，一旦连接出现问题，有可能会烧坏设备，如果看到烟雾或闻到烧焦的气味，要立刻拔掉电源。

4. LED 灯与积木连接

通过螺丝和螺母将 LED 灯与积木进行连接,如图 2-12 所示。

图 2-12　LED 灯与积木连接

程序设计

本节课编写程序控制台灯的亮或灭。

1. 控制 LED 灯亮或灭

控制数字针脚 4 设定值为高,LED 灯亮,如图 2-13 所示。当设定值为低时,灯灭。这里要注意在灯亮和灭程序之间加入延时,否则,我们的肉眼可能无法看到灯亮。

制作 SOS 信号灯时,SOS 信号灯亮的时间是三长两短,如图 2-14 所示的程序是一长一短,试编写三长两短的程序。

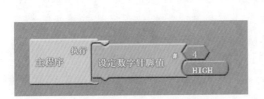

图 2-13　LED 灯亮

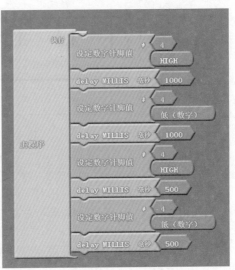

图 2-14　LED 灯亮

2. 控制 LED 灯亮、较亮、暗和灭

LED 灯有亮和灭，如果需要稍亮一些或稍暗一些，是否可以用程序进行控制呢？答案是肯定的，我们需要使用 PWM 脉冲宽度调制技术，Arduino 主板的 PWM 端口分别是 3、5、6、9、10、11。注意，应该将 LED 连接到具有 PWM 功能的接口上，这里将它连接到数字接口 3 上。

知识加油站

PWM 脉冲宽度调制

数字信号只有高(5V)、低(0V)两种电压信号。如果要使灯变暗，可以通过串联电阻实现，但是程序中如果要实现频繁地变换灯的不同亮度，用电阻的方法就不现实了，我们需要使用 PWM 技术。

PWM 使用占空比控制方波，从而输出不同的电压。占空比就是高电平保持的时间与该 PWM 的时钟周期的时间之比，占空比越大，电压越高，灯就越亮。如图 2-15 所示。

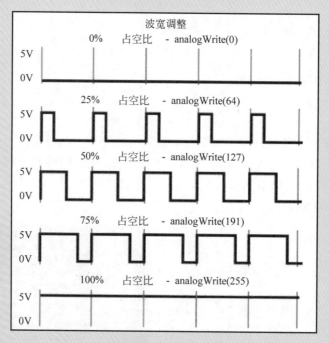

图 2-15 PWM 方波

PWM 使用数字手段控制模拟的输出，例如 00000000 表示 0V，11111111 表示 5V，10101010 表示 2.5V。这样，利用 PWM 技术就可以将数字针脚的设备当成模拟口使用了，例如灯的明暗、电机的转速都是依靠 PWM 脉冲宽度调制技术实现的。

程序如图 2-16 所示，由于使用 PWM 技术，在程序设计中应使用"设定模拟针脚值"模块。

第 2 课　会发光的LED灯

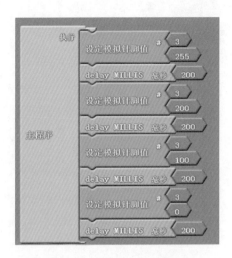

图 2-16　设定模拟针脚值

 抛砖引玉

Arduino 主板上数字接口前有"～"标记的是支持 PWM 技术的接口,在传感器扩展板和电机扩展板上面有"＊"标记的是支持 PWM 技术的接口,可以通过这个方法查找支持 PWM 技术的数字接口。

3. 呼吸灯的程序设计

LED 灯可以像人的呼吸一样缓慢地变暗和变亮,呼吸灯的程序设计需要使用"当循环"语句。在"当循环"语句中,程序会被循环执行。程序如图 2-17 所示。

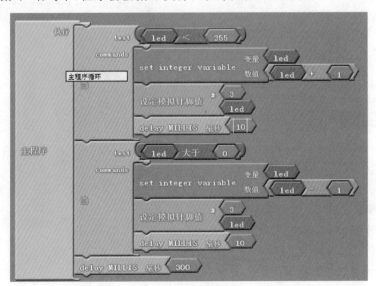

图 2-17　呼吸灯

知识加油站

当循环

当 test 条件成立时，执行 commands 命令语句并循环；当条件不成立时退出循环，如图 2-18 所示。像这种可以循环执行的语句结构叫做循环结构。

变量

变量是用来储存数值或字符的，它可以进行数学运算。举个例子，变量就像水杯一样，数值或字符会像水一样存放在水杯中，变量内容在第 6 课会重点讲解。

变量可以重复储存数值，新存储的数值会覆盖掉前面存储的数值。如图 2-19 所示，led 变量加 1 后，将结果再赋值给 led 变量。

图 2-18 当循环

图 2-19 设置变量 led 加 1

▶ 完成效果

台灯的完成效果如图 2-20 所示，你也可以加上按钮，这样就可以制作一个脚踏灯了。

(a) 正面

(b) 侧面

图 2-20 制作的台灯

第 2 课　会发光的LED灯

(c) 后面　　　　　　　　　　　　(d) 斜45°

图 2-20　（续）

▶ 我问你答

你对 PWM 技术是如何理解的？

📂 知识拓展

PWM 技术对直流电机的控制

利用 PWM 技术可以控制灯光的明暗，它还可以控制直流电机的转速。设置模拟针脚值 0～255（0 是停止，255 是最大值）。可以通过 PWM 控制电机的转速。

会发光的LED灯

第 3 课　高尔夫球手

高尔夫球作为一项高雅绅士的运动(如图 3-1 所示),得到了很多人的喜爱。随着科技的发展,试想如果有一个高尔夫机器人陪你打高尔夫球,岂不是一件很有意思的事情!

图 3-1　打高尔夫球

课程目标

- 了解直流电机的工作原理;
- 理解分支结构程序的编程方法;
- 掌握按钮的使用方法。

任务描述

- 制作一个智能高尔夫机器人,它可以挥杆并击球,你可以通过一个按钮控制机器人的挥杆。

动手制作

1. 高尔夫球手手臂制作

手臂的制作直接利用直流电机连接十字轴,再连接球杆,球杆的搭建如图 3-2 所示。

第 3 课　高尔夫球手

图 3-2　机械手臂

 知识加油站

　　FansMaker 使用的电机是直流电机，直流电机是指能将直流电能转换成机械能，使电机轴可以进行旋转的电机。如图 3-3 所示，FansMaker 电机使用 12V 直流减速电机，转速为 200r/min。

图 3-3　直流减速电机

2. 电机的安装

　　（1）安装电机与电机底架

　　为了更好地将电机与积木零件安装到一起，先将电机与电机底架进行安装，如图 3-4 和图 3-5 所示。用两个长螺丝钉将电机和电机底架连接起来。

图 3-4　电机底架　　　　　　　　图 3-5　电机与底架安装

这里注意不要拆掉电机上已有的两个螺丝,这样做可能会损坏电机的减速系统。电机上有两个预留的螺丝口,我们拿两个新的螺丝固定上即可。

电机是通过程序设计实现转动的,不要用手直接转动电机,这样做有可能会损坏电机。

(2)安装电机轴连接器

电机的D型输出轴与轴连接器进行安装,安装方法是将轴连接器小孔一端连接电机输出轴并用螺丝固定,如图3-6和3-7所示。

图3-6 轴连接器和螺丝

图3-7 电机输出轴的连接

(3)连接电机与球杆

将轴连接器大孔一端连接乐高十字轴并用螺丝固定,如图3-8所示。如果你觉得金属螺丝会损坏乐高十字轴,也可以使用顶丝或者尼龙螺丝钉代替,如图3-9所示。

图3-8 手臂与轴连接器连接

图3-9 尼龙螺丝连接

(4)将手臂连接到高尔夫球机器人的躯干部分

用两根长螺丝将电机与躯干部分进行连接,将螺母拧紧使电机固定在高尔夫机器人身体上,如图3-10所示。

第 3 课 高尔夫球手

图 3-10 手臂与轴连接器连接

3. 安装电机驱动板

 知识加油站

电机驱动板

FansMaker 电机驱动板采用大功率电机专用驱动芯片 L298P，可直接驱动直流电机，电机驱动板可以同时控制 2 个电机 M1 和 M2。如图 3-11 所示。

图 3-11 电机驱动板

（1）电机与电机驱动板的连接

利用鳄鱼线将电机与电机驱动板相连，一端的金属线丝连接电机驱动板，另一端的鳄鱼夹夹在电机上，如图 3-12 所示。

图 3-12 鳄鱼线与电机驱动板连接

 抛砖引玉

电机驱动板与电机的连接线除了鳄鱼线外,还可以使用飞机头测试线或直接将线焊接到电机上。测试使用电机时,可以使用鳄鱼线或飞机头测试线,如果长时间使用电机不必进行拆卸,可以直接将电线焊接到电机上进行使用,如图3-13所示。

电机驱动板上 M1 和 M2 两个电机口如何压紧电线丝呢?这里注意逆时针方向是松,顺时针方向是紧。先松开螺丝,放入电线丝,最后拧紧螺丝就可以了。

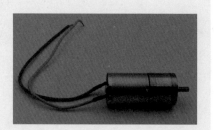

图 3-13 电机驱动板连接

(2)电机驱动板与 Arduino 的连接

将电机驱动板直接插到 Arduino 主控板上,如图 3-14 所示。

图 3-14 电机驱动板的连接

第3课 高尔夫球手

抛砖引玉

从图3-14中发现在主控板下面有一个金属板,这是主控板的固定架,利用固定架就可以将主控板固定在乐高积木上面,固定支架使用铜柱与主控板连接。一般情况下,使用2~3个铜柱就可以了。

4. 电池的安装

Arduino通过USB下载线连接计算机,USB输入电压是5V,电机输出口的电压在3V左右(由于Arduino主控板的电路设计原因),如果要直接驱动12V的直流减速电机,你会看到电机的速度非常的慢,不能达到完成任务的要求。因此,我们可以加入外接电源保证控制电路的供电和直流减速电机的正常工作。我们选用7.4V锂电池进行供电,它在充满电的情况下电压是8V左右,如图3-15所示。

图3-15 锂电池

抛砖引玉

锂电池有两个连接端口,公头端口插到电机驱动板上,母头端口是充电端口,当锂电池使用一段时间后要进行充电,充电后再使用。为了使用安全,应选择带电路保护的锂电池,不要将这两个头连接到一起,防止电池被损坏。

程序设计

1. 控制电机转动,挥动球杆

知识加油站

控制电机的接口是10、11、12、13,控制M1电机的是接口10和12,其中12口控制电机方向,10口控制电机转速;控制M2电机的是接口11和13,其中13口控制电机方向,11口控制电机转速。

电机方向用HIGH和LOW控制,电机转速在0~255范围内设置,255为最大速度,0为停止。

控制电机M1挥杆1s,然后收杆,程序如图3-16所示。

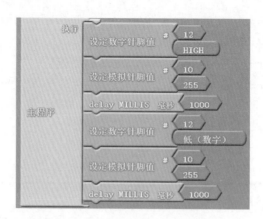

图 3-16　控制电机挥杆程序

抛砖引玉

电机转速的控制最大为 255，如果设置的数值超出 255，实际的数值是对 256 进行取余。例如设定 300，那么取余数得到 44，你设定的数值实际是 44。

2. 安装按钮，编写程序控制电机的转动

上面的程序可以达到挥杆和收杆的效果，但是循环执行，我们无法控制。为了可以人为地控制挥杆，加上按钮装置，如图 3-17 所示。

图 3-17　挥杆按钮

知识加油站

按钮

按钮可以按下和松开，按下时指示灯会亮。我们利用按钮的按下和松开控制手臂击打高尔夫球。按钮也可以看作是传感器，按下按钮时，针脚的值返回 1，不按按钮时针脚的返回值为 0。

要使用按钮,我们要先插上传感器扩展板,如图 3-18 所示。按钮通过导线连接到数字口 3 上。

图 3-18 控制电机挥杆程序

加上按钮后的程序设计如图 3-19 所示。

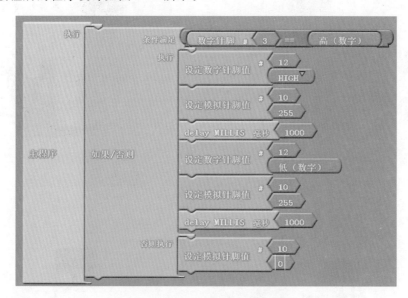

图 3-19 按钮控制电机挥杆程序

 知识加油站

在程序中需要判断的时候需要用到条件分支语句,如图 3-20 所示。条件满足,则执行"执行"后面的语句;条件不满足,则执行"否则执行"后面的语句。

图 3-20 条件语句

抛砖引玉

条件表达式的结果是逻辑值,条件满足时结果为真,条件不满足时结果为假。如果条件表达式是个数值,那么是 0 时是假,非 0 时是真。由于按钮的值只有 0 和 1,因此,我们在条件表达式中直接放上读取 3 口针脚值就可以了,如图 3-21 所示。

图 3-21 直接读取 3 口针脚值

▶ 完成效果

高尔夫球手完成效果如图 3-22 所示。

(a) 正面

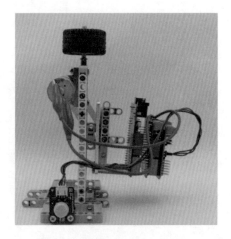

(b) 侧面

(c) 后面

(d) 斜45°

图 3-22 制作的高尔夫球手

▶ 我问你答

1. 如果电机设置模拟端口速度为 900,那它实际的速度应该是多少?

_____

2. 编写程序的 3 种程序结构是什么?

_____

知识拓展

舵　　机

舵机是由直流电机、减速齿轮组、传感器和控制电路组成的一套自动控制系统,如图 3-23 和图 3-24 所示。通过发送信号输出旋转角度。

舵机与普通直流电机的区别主要在于:直流电机是圆周转动提供动力,而舵机只能在一定角度内转动,普通直流电机无法反馈转动的角度信息,而舵机则可以。

图 3-23　各种舵机

图 3-24　舵机包含的零件

高尔夫球手

第 4 课 探照灯

在前面的课程中,已经学习了 LED 灯和电机的控制,这节课我们制作一个探照灯。探照灯是一个可旋转的灯,它通常在黑暗中探照可疑的人或物品,如图 4-1 所示。

图 4-1 探照灯

课程目标

- 熟练编写程序对电机进行控制;
- 熟练编写程序对 LED 灯进行控制。

任务描述

制作探照灯,要求探照灯可以左右旋转,探照可疑的事物。

动手制作

1. 电机的安装

电机固定在支架上,电机的输出轴朝上,方便 LED 灯的转动,如图 4-2 所示。电机通过导线连接电机左侧端口,如图 4-3 所示。

2. LED 灯的安装

LED 灯通过导线连接到数字针脚 3 上,然后使用螺丝将 LED 灯安装到积木上,乐高十字轴连接到电机的输出轴上,如图 4-4 所示。

第4课 探照灯

图 4-2 电机固定

图 4-3 电机连接到左侧端口

3. Arduino 主板的安装

Arduino 主板固定到金属底座上，使用黑色连接销直接固定在积木底座上，如图 4-5 所示。

图 4-4 LED 灯的安装

图 4-5 Arduino 主板安装

程序设计

探照灯的程序设计如图 4-6 所示，电机的数字针脚设定为 13，模拟针脚设定为 11，分别控制电机的转动方向和转动速度。电机转动的时间应根据探照灯的转动距离控制，这里的时间设定为 2s。

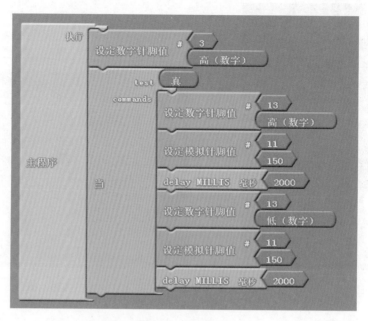

图 4-6 探照灯程序

知识加油站

"当循环"条件如果设置为"真",则表示这条循环语句是无限循环,程序会一直循环执行,不会再跳出循环了。

▶完成效果

探照灯效果如图 4-7 所示。

(a) 正面

(b) 侧面

图 4-7 制作的探照灯

第4课 探照灯

(c) 后面

(d) 斜45°

图 4-7 （续）

▶ 我问你答

如何改变电机的转动方向？

知识拓展

RGB LED 灯

RGB（红绿蓝）LED 灯看起来就像普通的 LED 灯，但是它与普通 LED 不同的是 RGB LED 内封装了 3 个小 LED，一个红色的，一个绿色的，一个蓝色的。通过控制每个小 LED 的亮度，利用红、绿、蓝三基色原理，可以混合出几乎任何你想要的颜色，如图 4-8 所示。

图 4-8 RGB LED

探照灯

第 5 课 捕 鼠 器

同学们都知道,老鼠会偷吃东西,把我们的东西啃坏,老鼠身上还会携带病菌,比如鼠疫,对人类的身体健康也会带来影响。这堂课我们要制作一个捕鼠器,如图 5-1 所示,不让它偷取我们的食物。

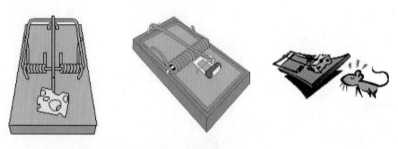

图 5-1 捕鼠器

课程目标

- 了解传感器的概念;
- 掌握杠杆原理并进行搭建;
- 掌握触动传感器的使用方法。

任务描述

根据老鼠的重量制作一个机关,当老鼠踏上踏板后,利用一个杠杆结构,会使得杠杆另一端上翘,通过触动传感器感知老鼠是否已经在老鼠夹中,如果老鼠已经踏上踏板,则启动电机翻动夹子。

动手制作

1. 老鼠夹制作

根据生活中的老鼠夹进行制作(见图 5-1),搭建图如图 5-2 所示。这个老鼠夹分为上下两层,下层不动,上层作为夹子可以翻动。

2. 杠杆结构制作

如何感知到老鼠已经进到夹子当中呢?这里利用一个巧妙的设计:我们利用杠杆结

构,当老鼠踏到杠杆一端,另一端就会翘起来,如图 5-3 所示。

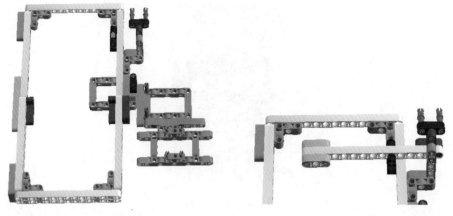

图 5-2 老鼠夹　　　　　　　　图 5-3 杠杆结构

知识加油站

杠杆原理

古希腊科学家阿基米德有这样一句流传很久的名言:"给我一个支点,我就能撬起整个地球!"这句话便是说杠杆原理的。

杠杆的支点不一定要在中间,满足下列 3 个点的系统,基本上就是杠杆:支点、用力点、阻力点,如图 5-4 所示。

图 5-4 杠杆原理

杠杆公式:动力×动力臂=阻力×阻力臂,即 $F_1 \times L_1 = F_2 \times L_2$。

3. 安装传感器

传感器的发明是人类智慧的结晶,传感器就像是人的眼睛、鼻子、耳朵一样,它可以让机器人感知客观世界信息,传感器可以将信息转换为电信号,经过数字化处理后输出为数值,我们就可以看到了。

老鼠夹使用触动传感器,如图 5-5 所示。当杠杆的另一端翘起时,触碰到触动传感器,从而感知到老鼠已经在夹子当中,我们将触动传感器插在数字端口 6 上。

图 5-5　触动传感器

知识加油站　　触动传感器

触动传感器是一种由很小的物理力启动的电子开关,它的使用十分广泛,可应用于家电、机械、工业控制、运输工具以及很多其他电路控制领域。

触动传感器有两种状态——开和关,即高电平和低电平,分别用二进制数 1 和 0 来表示。

抛砖引玉

触动传感器是一种接触开关,必须要接触到传感器才可以触动开关,如果接触位置不准确,即使有老鼠进入,老鼠夹也不会有任何反应。另一种方法是采用非接触式传感器,如光敏传感器、测距传感器,你可以尝试一下利用不同的传感器去制作。

将触动传感器安装到杠杆结构的另一端,确保当这一端翘起时能够触发触动传感器,如图 5-6 所示。

图 5-6　触动传感器的安装

4. 安装电机

电机安装在老鼠夹的一侧,电机的输出轴要连接到上一层的梁中,如图 5-7 所示。

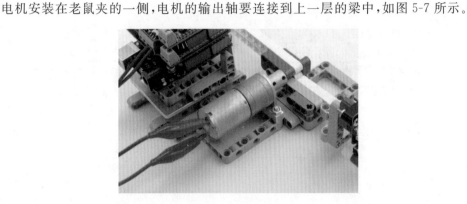

图 5-7　电机的安装

程序设计

当老鼠踩在踏板上时,触发触动传感器并开动机关夹住老鼠,程序如图 5-8 所示。

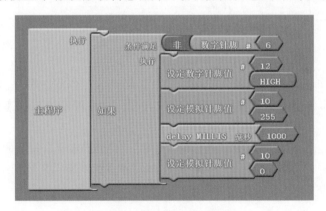

图 5-8　捕鼠夹程序

从图 5-8 可以看出条件表达式有了"非"逻辑运算符,为什么要这么用呢?因为我们发现当按下触动开关的时候,端口返回值是 0,加上逻辑非运算符才可以执行"执行"后面的语句。

 抛砖引玉

不同的数字传感器触发时的返回值有可能不同,不一定都是 1。因此,很多时候我们需要先观测一下传感器的返回值,通常利用串口调试的方法观测传感器的返回值。

我们可以使用串口通信让 Arduino 和计算机进行通信,Arduino 可以给计算机发送信息,也可以接收计算机发送回来的信息。可以编写程序让 Arduino 将传感器的返回值发送给计算机,如图 5-9 所示。再通过串口监视器查看,如图 5-10 所示。注意查看返回值之前一定要将程序上载到 Arduino 上。

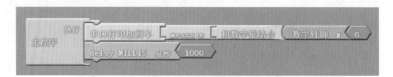

图 5-9　串口观测值程序

图 5-10　串口监视器

在程序中有 message 可以修改或删除,它只是起到显示作用。串口监视器的波特率设定为 9600b/s,由于传感器采集信息的频率很快,因此,在监视器中显示速度非常快,我们可以加一个延时使显示速度变慢。

这里值得注意的是,在使用串口通信时,实际上占用了 Arduino 上的 TX 和 RX 针脚,TX 为串口传输,RX 为串口接收,因此,在使用串口通信时不要占用这两个针脚。一般建议传感器或数字输出设备不要占用这两个针脚。

▶ 完成效果

触动传感器反应十分灵敏,测试效果非常好,如图 5-11 所示。

(a) 正面

(b) 侧面

图 5-11　完成后的老鼠夹

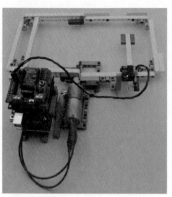
(c) 后面

(d) 斜45°

图 5-11 （续）

▶ 我问你答

1. 触动传感器按下时返回值_____，松开时返回值_____。
2. 请简述如何能够在串口监视器中显示传感器返回的数值。

知识拓展

杠杆原理的应用

我国古代劳动人民就已经利用杠杆原理进行劳动，例如捣谷和挑水，如图 5-12 所示。我们身边也有很多利用杠杆原理的事物，例如剪刀、起子、钓鱼竿、筷子、跷跷板等。因此，杠杆原理在我们的生活和劳动当中应用十分广泛，希望你可以利用今天学到的杠杆原理制作其他的智能设备。

图 5-12 古代杠杆原理的应用

波 特 率

　　波特率是指每秒钟传输的信息量,表示的是通信速率,是信号被调制以后在单位时间内的变化,即单位时间内载波参数变化的次数。9600 波特率指的就是 9600b/s,通信速率是每秒钟 9600 位二进制数。如果是传输字符,则每秒钟可以传输 960 个字符(每个字符占 10 位)。

捕鼠器

第 6 课　智能温控风扇

当夏天到来时,天气很热,我们经常会打开电风扇解热,电风扇可以说是我们夏天里的"小伙伴",如图 6-1 和图 6-2 所示。在现实生活中,我们使用的风扇可以通过人来控制开关或风速来实现对风扇的控制。这节课我们设计一款更加智能的风扇,它可以根据温度的高低控制风扇的转速,使人们在使用风扇的时候更加方便和舒适。

图 6-1　风扇 1

图 6-2　风扇 2

课程目标

- 了解温度传感器的工作原理;
- 知道模拟信号的概念;
- 掌握齿轮传动的原理;
- 掌握变量的使用和编程方法;
- 通过制作温控风扇,明白生活当中的电器设备通过改进可以变得更加智能。

任务描述

制作一个带有温控功能的电风扇,风扇可以根据温度的变化而自动调整风扇转速。

动手制作

1. 风扇底座设计

风扇的底座结构既要牢固,使用零件又要少而简单,联系生活当中的风扇的构造,完成的底座只要实现支撑的作用就可以了。搭建如图6-3所示。

2. 风扇扇叶设计

风扇的扇叶可以由积木来完成搭建,如图6-4所示。但是通过试验风扇出风的效果并不理想。

图6-3　风扇底座

图6-4　积木制作的风扇扇叶

 抛砖引玉

风扇能够产生风主要依靠扇叶的流线型设计,在扇叶转动时,可以进风和出风。因此,风扇的扇叶设计对于风力的大小还是非常重要的,扇叶的设计可以采用手工制作或者乐高积木制作,也可以使用乐高已设计好的风扇制作,如图6-5和图6-6所示。

图6-5　自制塑料扇叶

图6-6　乐高扇叶

最终本课中的扇叶使用的是一种乐高积木零件,虽然它并不是用作扇叶的零件,但是我们可以调整它的角度,使它能够在转动的时候产生风力,因此用它来代替扇叶产生风力,如图6-7所示。

第6课　智能温控风扇

图6-7　最终搭建的扇叶

3. 风扇传动设计

生活中的风扇转动速度是非常快的,因此,我们要让电机转动的速度越快越好。但是,如何提高电机的转速呢?

知识加油站

我们使用的是12V的直流减速电机,电池电压是7.4V,电机的转速是200rad/s。提高风扇转速有两种方法:一种方法是提高电机的输入电压,这样可以让电机超负荷工作去提高转速,但是这种方法并不值得提倡,笔者曾经指导学生参加机器人足球竞赛,使用过放大电压的电路,可以称之为"增压板"。放大的电压控制电机的超负荷工作,以实现速度的提高和扭矩的增大,但是往往会造成电机的损坏,得不偿失。第二种方法是利用齿轮的传动提高电机的输出速度,鉴于齿轮传动的重要性,下面详细介绍一下齿轮的传动原理。

齿轮传动概念

齿轮是依靠齿的啮合来传递动力的零件,通过齿轮的传动还可以改变输出的扭矩和角速度,以及运动的方向。

扭矩:扭矩是齿轮转动时切向的力,我们可以理解为齿轮发生转动的力。例如,当我们喝饮料时,要使用一定的力去把瓶盖拧开。

角速度:是物体转动的速度。单位是rad/s。例如这节课我们将制作的风扇,它转动的角速度就非常快。

齿轮的传动:乐高提供了很多种齿轮,这节课我们先来认识一下直齿轮。如图6-8所示,直齿轮从左到右分别为40齿、24齿、16齿和8齿共4种类型。

图 6-8 乐高直齿轮

电机可以通过这些齿轮的传动来改变输出扭矩、改变输出角速度或输出方向。一般来说,乐高的齿轮在搭建的时候通常要与梁来进行配合,将齿轮通过轴与梁进行连接。你可能会产生这样的担心:齿轮会不会与梁有接触而产生摩擦呢?不过,当你使用的时候,就会发现乐高的齿轮能够与梁配合得非常好,完全不用担心会产生摩擦或阻力的问题。

齿数、扭矩和角速度的关系

齿数(n)与扭矩(T)成正比 $T_1 \times n_2 = T_2 \times n_1$

齿数(n)与角速度(w)成反比 $n_1 \times w_1 = n_2 \times w_2$

下面举个例子来说明

8 齿齿轮传动 40 齿齿轮,如图 6-9 所示。

我们以 8 齿传动 40 齿为例,由于齿数与扭矩成正比关系,因此传动后 40 齿这根轴输出的扭矩是 8 齿的 5 倍;由于齿数与角速度成反比,因此传动后 40 齿这根轴输出的角速度是 8 齿的 1/5。

图 6-9 8 齿传动 40 齿

你可以为风扇设计自己的齿轮转动方式来加快风扇的转动速度,如图 6-10 所示的齿轮传动设计为风扇的转动速度加快了 25 倍。

图 6-10 风扇齿轮传动

第6课 智能温控风扇

抛砖引玉

需要说明的是，25倍的传动只是理论上的数据，齿轮机械传动的能量损失以及传动机构搭建的合理性都会影响传动的效率，有时候搭建的齿轮之间如果啮合得太紧就会降低齿轮的传动效率。因此，要根据制作的要求设计出传动效率较高的齿轮传动方式。

4. 电机安装

将电机安装在风扇的输入轴上，电机与轴一定要安装在平行位置上，这样可以在螺丝钉上加上垫片来调整电机的高度。如图6-11所示。

5. 传感器的安装

由于我们制作的是温控电风扇，因此选择基于LM35的温度传感器，将它安装到风扇底座，如图6-12所示。我们将温度传感器插在模拟端口4上。

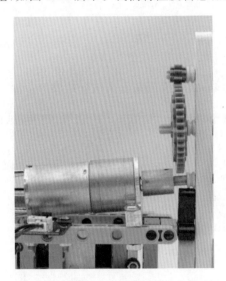
图6-11 电机安装

图6-12 电机安装

知识加油站

温度传感器

温度传感器是指能将温度转换成可用输出信号的传感器，是模拟信号传感器，它可以随着时间的延续输出温度信息。

基于LM35半导体的温度传感器，其测温范围是$-40 \sim 150℃$，灵敏度为10mV/℃，如图6-13所示。

模拟信号

模拟信号是指用连续变化的物理量所表达的信息，如温度、湿度、压力、长度、电流、电压等，通常又把模拟信号称为连续信号，它在一定的时间范围内可以有无限多个不同的取值。模拟信号用图来表示是一段连续的曲线，如图6-14所示。

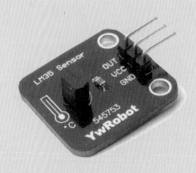

图6-13　温度传感器

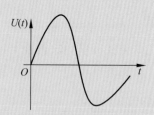

图6-14　模拟信号连续变化

程序设计

在程序设计中，我们要将采集的温度值存储起来，需要使用变量来进行数值的存储。

知识加油站

变量

变量顾名思义就是可以变化的量，它可以帮助我们存储不同的数值或字符，数值型变量可以进行数学运算。

笔者经常把变量比作盛水的杯子，把存储的数值或字符比作水，给变量赋值时就像将水倒进杯子，当用到变量值时就像将水从杯子中倒出来。

变量命名规则

以字母或下划线开头，后面跟字母、数字或下划线，如_b1、b_1是正确的，3a是错误的。在ArduBlock编程中也可以以数字开头，但是实际编译后的代码文件可以看到变量都是以下画线作为开头的。

为变量a赋值的程序语句如图6-15所示。

图6-15　变量赋值语句

第6课 智能温控风扇

温控风扇主要是根据温度的不同来控制风扇的速度,我们根据温度的不同将风扇风速控制为两档,分别为高风档(大于等于30°)和低风档(小于30°),根据温度的返回值不同自动调档,温控风扇参考程序如图6-16所示。程序中会实时在串口显示温度值,在程序调试完毕时可以删除显示语句。

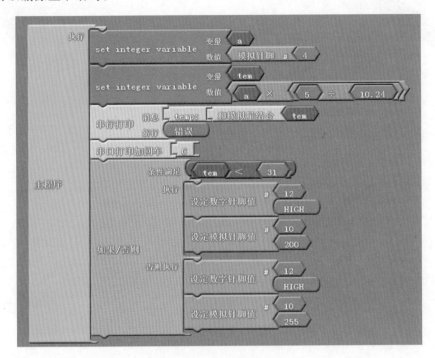

图6-16 温控风扇参考程序

在风扇运行过程中,如果发现风是向后吹的,这是因为风扇转动的方向问题,电机转动的方向使得出风的方向向后,你只需要调整程序控制电机向反方向转动就可以了。

抛砖引玉

从图6-16中可以看出,有一段程序是计算 a×5÷10.24。由于温度传感器的返回值是0~1023的模拟量,要将这一数值转化为温度值,将模拟量转化为电压值0~5V,因此将模拟量除以1024再乘以5就得到了对应的电压值。温度传感器每10mV为1℃,因此再除0.01V从而得到温度值,即 temp = a/1024 × 5 ÷ 0.01 化简为 a×5÷10.24。

其实模拟量的数值也不是不可以用,虽然这个数不是温度的直接反映,但是模拟量的数值变化更加灵敏,如果不显示温度值,不妨试一下直接使用模拟量,反应很快,效果也不错。

▶ 完成效果

智能温控风扇的完成效果如图6-17所示。

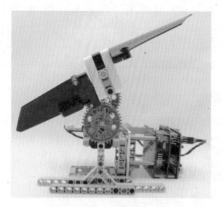

(a) 正面

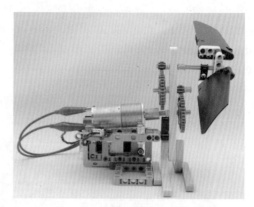

(b) 侧面

(c) 后面

(d) 斜45°

图 6-17　完成后的智能温控风扇

▶我问你答

根据齿轮传动公式写出下面例 6-1，例 6-2，例 6-3 中扭矩和角速度的变化。

例 6-1 中输出扭矩的变化_____，输出角速度的变化_____。

例 6-2 中输出扭矩的变化_____，输出角速度的变化_____。

例 6-3 中输出扭矩的变化_____，输出角速度的变化_____。

例 6-1　40 齿齿轮传动 8 齿齿轮，如图 6-18 所示。

例 6-2　40 齿齿轮传动 24 齿齿轮传动 8 齿齿轮，如图 6-19 所示。

图 6-18　40 齿传动 8 齿

图 6-19　3 个齿轮传动

例 6-3 24 齿齿轮传动 8 齿齿轮传动 24 齿齿轮，如图 6-20 所示。

图 6-20　3 个齿轮传动

知识拓展

风扇的工作原理

电风扇的主要部件是交流电动机。其工作原理是：通电线圈在磁场中受力而转动。能量的转化形式是：电能主要转化为机械能，同时由于线圈有电阻，所以不可避免地有一部分电能要转化为热能。

风扇的发明过程

机械风扇起源于房顶上，1830 年，一个叫詹姆斯·拜伦的美国人从钟表的结构中受到启发，发明了一种可以固定在天花板上、用发条驱动的机械风扇。这种风扇转动扇叶带来的徐徐凉风使人感到欣喜，但爬上梯子去上发条，很麻烦。

1872 年，一个叫约瑟夫的法国人又研制出一种靠发条涡轮启动、用齿轮链条装置传动的机械风扇，这个风扇比拜伦发明的机械风扇精致得多，使用也方便一些。

1880 年，美国人舒乐首次将叶片直接装在电动机上，再接上电源，叶片飞速转动，阵阵凉风扑面而来，这就是世界上第一台电风扇。

温度传感的应用——公交车安装温度传感器防自燃

夏季高温期间，公交车自燃事件时有出现，因此预防公交车自燃事件的发生显得格外重要。为了防患于未然，山西太原市公交公司为部分公交车安装了温度传感器，以保障公交车行车安全。

一般来说，公交车自燃事故与车辆运行年限较长、内部线路老化不无关系。一般运营年限较长的车辆以及后置发动机的车辆，运行中很容易出现发动机舱内温度过高导致出现火灾等事故。而后置发动机车辆的驾驶员，很难发现发动机温度过高等问题，因此安装温度传感器进行报警能够发挥较大作用。

公交公司在部分公交车上安装温度传感器，当发动机温度达到设定的阈值时，就会自动报警。安装温度传感器能够有效地改善发动机各类安全隐患，从而保障行车安全和乘客人身安全。

智能温控风扇

第 7 课　胆小的蜘蛛

有一种动物8条腿,经常趴在网上,它是什么呢?它就是蜘蛛,如图7-1和7-2所示。蜘蛛在世界上的种类非常多,它可以通过身上的缝感觉器官感知空气或丝网的震动频率,因此蜘蛛可以"听"到空气中的声音。这节课我们就来试验一下,当发出很大的声音时,胆小的机器蜘蛛是不是会逃跑呢?

图 7-1　蜘蛛 1

图 7-2　蜘蛛 2

课程目标

- 掌握冠状齿轮和双面斜齿的使用;
- 理解声音传感器的工作原理;
- 掌握声音传感器的使用方法。

任务描述

当发出很大的声音时,胆小的机器蜘蛛逃跑到另一个地方躲藏起来。

动手制作

1. 齿轮传动机构

蜘蛛传动机构的制作要考虑到电机的个数,由于我们要使用一个电机进行传动,因此要考虑如何使用一个电机控制左右两边的机械传动。在蜘蛛的传动机构制作中,我们要使用冠状齿轮和双面斜齿。

知识加油站

冠状齿轮

冠状齿轮也可以像直齿轮一样进行力的传动,但相对于直齿齿轮来说,它们之间最大的区别,就是冠状齿轮可以垂直连接,它可以改变力的方向。

冠状齿轮的齿是弯曲的,如图7-3所示。

冠状齿轮可以垂直连接,这样就可以改变力传动的方向,使纵向力变为横向力或者使横向力变为纵向力。

双面斜齿

这种齿轮既可以当成直齿来使用,也可以垂直连接,可以改变力的传递方向,如图7-4所示。

图7-3 冠状齿轮　　　　　　图7-4 双面斜齿齿轮

齿轮从左到右依次是:36齿、24齿、12齿。

蜘蛛的传动机构使用冠状齿轮和双面斜齿来共同完成,如图7-5所示。

图7-5 双面斜齿传动冠状齿轮

抛砖引玉

根据不同想法，不同机构的设计也可以使用两个冠状齿轮或两个双面斜齿来完成蜘蛛作品，如图7-6和图7-7所示。

图7-6 冠状齿轮传动

图7-7 双面斜齿传动

2．腿部结构

蜘蛛有8条腿，每一边4条腿，真正的蜘蛛8条腿行走速度很快，很灵敏，它的机构设计比较复杂。本课中的腿部结构是4条腿连接在一起同时运动，如图7-8所示，4条腿的运动依靠3个直齿轮的传动。

图7-8 直齿传动

 抛砖引玉

左右两边的腿部安装要注意一上一下，即如果左边安装到齿轮下面的孔中（红色圆圈位置），如图7-9所示，则右边腿部就要安装到与其对称的上面孔中。

第 7 课　胆小的蜘蛛

图 7-9　腿部与齿轮连接位置

3. 电机安装

电机与传动机构进行安装如图 7-10 所示，注意齿轮之间要完全啮合，否则传动的效率会降低。

4. 传感器安装

在机器蜘蛛上安装声音传感器，如图 7-11 所示，并将它插到模拟口 3 上。

图 7-10　电机安装

图 7-11　传感器安装

知识加油站

声音传感器

声音传感器是模拟传感器，它可以将声音转化为模拟信号，即通过反馈的电压值来表示声音音量的大小，如图 7-12 所示。

图 7-12　声音传感器

抛砖引玉

声音传感器并不能识别人的语言,而只能获取人声音的大小,我们也可以把声音传感器看成一个小的麦克风,它只获取音量信息。

将声音传感器插到模拟口 3 上,通过获取声音的大小来控制蜘蛛的行动。先通过串口监视器来观测一下端口返回值,如图 7-13 所示。声音越大,数值越大。

图 7-13　声音传感器观测值

程序设计

根据串口监视器返回的数值,确定一个条件值 100,如果声音超过这个值,那么蜘蛛就要逃跑了,程序如图 7-14 所示。

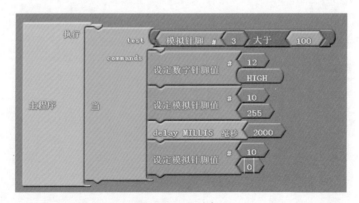

图 7-14　参考程序

第7课 胆小的蜘蛛

▶ 完成效果

机器蜘蛛完成后效果如图7-15所示。

(a) 正面

(b) 侧面

(c) 后面

(d) 斜45°

图7-15 完成后的机器蜘蛛

▶ 我问你答

1. 冠状齿轮的作用是什么?

2. 声音传感器是否可以识别人说出的话呢?为什么?

知识拓展

语音识别技术

语音识别以语音为研究对象,它是语音信号处理的一个重要研究方向,是模式识别的一个分支,涉及生理学、心理学、语言学、计算机科学以及信号处理等诸多领域,甚至还涉及人的体态语言(如人在说话时的表情、手势等行为动作可帮助对方理解),其最终目标是实现人与机器进行自然的语言通信。

语音识别技术的发展

20世纪60年代,计算机的应用推动了语音识别的发展。这段时期的重要成果是提出了动态规划(DP)和线性预测分析技术(LP),其中后者较好地解决了语音信号产生模型的问题，对语音识别的发展产生了深远影响。

20世纪70年代，语音识别领域取得了突破。在理论上，LP技术得到进一步发展，动态时间归正技术（DTW）基本成熟，特别是提出了矢量量化（VQ）和隐马尔可夫模型（HMM）理论。在实践上，实现了基于线性预测倒谱和DTW技术的特定人孤立语音识别系统。

20世纪80年代，语音识别研究进一步深入，其显著特征是HMM模型和人工神经元网络（ANN）在语音识别中的成功应用。HMM模型的广泛应用应归功于AT&TBell实验室Rabiner等科学家的努力，他们把原本艰涩的HMM纯数学模型工程化，从而为更多研究者了解和认识。ANN和HMM模型建立的语音识别系统性能相当。

进入20世纪90年代，多媒体时代来临，迫切要求语音识别系统从实验室走向实用领域。许多发达国家如美国、日本、韩国以及IBM、Apple、AT&T、NTT等著名公司都为语音识别系统的实用化开发研究投以巨资。

我国语音识别研究工作一直紧跟国际水平，国家也很重视，并把大词汇量语音识别的研究列入863计划，由中科院声学所、自动化所及北京大学等单位研究开发。百度公司已对外宣布，其在汉语语音识别方面获得重大理论和产品突破，研究出更先进的汉语语音识别技术，能够使机器的语音识别相对错误率比现有技术降低15%以上，使汉语安静环境普通话语音识别的准确率接近97%，进一步接近人的识别能力。

胆小的蜘蛛

第 8 课　智能拐杖

老年人的腿脚不好，因此，在行走的时候要依靠拐杖，他们通过拐杖的支撑走路；盲人看不到道路，也要依靠拐杖帮助他们走路。如图 8-1 和 8-2 所示。这节课我们将为老年人和盲人制作更加智能的拐杖。

图 8-1　爷爷

图 8-2　奶奶

课程目标

- 理解超声波传感器的工作原理；
- 掌握超声波传感器的使用方法；
- 掌握蜂鸣器的使用方法。

任务描述

当拐杖遇到障碍物时，发出提示音，障碍物离得越近时提示音就越急促，提示使用者注意安全。

动手制作

1. 拐杖制作

参照生活当中的拐杖进行制作，如图 8-3 所示，在使用积木零件制作的过程中，要保证拐杖的结构坚固、耐用，不易损坏。在实际生活中，用于助老、助残的设备在生活中使用的前提就是安全。因此，我们制作的智能拐杖在使用上应该是十分牢固和安全的，如图 8-4 所示。

图 8-3　生活中的拐杖　　　　图 8-4　智能拐杖

2. 传感器安装

智能拐杖可以识别前方的障碍物，这就需要使用测量距离的传感器，因此我们在智能拐杖上安装超声波传感器，如图 8-5 所示。

图 8-5　超声波传感器安装

超声波传感器有 4 个引脚：VCC、Trig、Echo、Gnd 分别代表 5V、输出信号、输入信号和地信号。我们将杜邦线与超声波传感器相连接，如图 8-6 所示，然后再将杜邦线另一端与 Arduino 相连接，Gnd 和 5V 分别连接到数字端口 5 的红色正极和黑色负极，输出信号 Trig 连接到数字端口 5 的绿色数据引脚，输入信号 Echo 连接到数字端口 3 的绿色数据引脚，连接图如图 8-7 所示。

第 8 课　智能拐杖

图 8-6　杜邦线连接传感器

图 8-7　杜邦线连接 Arduino

 知识加油站

超声波

正常人的耳朵只能听到 20~20 000Hz 之间的声音,低于和高于此频率范围的声音人都听不到。我们通常把高于 20 000Hz 的声音称为超声。

超声波传感器工作原理

超声波传感器如图 8-8 所示,它有一个发射端口和一个接收端口,发射端发射超声波,超声波打到物体上反射回来被接收端接收,这样就得到了发射和接收超声波的时间。可以利用公式：测试距离 =（时间×声速）/2,声速为 340m/s,这样就可以计算出传感器与物体之间的距离。我们使用的超声波传感器的测量范围为 2~200cm。

图 8-8　超声波传感器

 抛砖引玉

超声波传感器的盲区是 0~2cm,这里的盲区是指如果障碍物在这一段距离时,超声波传感器返回的距离值是错误的,原因在于距离很近时超声波无法被正确的接收,这个问题有时候是很严重的,它会直接导致机器人的判断错误,严重的话会损坏机器人。举个例子,笔者在几年前的机器人篮球比赛训练中碰到过这个问题。当时需要利用超声波传感器来测量四周围档,在碰到围档时应该后退,换一个方向继续前进,这时超声波传感器返回了错误距离值,机器人在碰到围档时还是全力前进。当时通过测试发现了这个问题,如果这个情况没有解决,严重的话会烧坏电机导致机器人损坏。

解决办法是要将超声波传感器放置在机器人靠内一些,让超声波的最小测量值大于2cm,也就是去掉盲区部分。在这节课我们制作的智能拐杖也需要利用这种方法来解决盲区问题。

3. 蜂鸣器安装

数字蜂鸣器是 Arduino 传感器模块中最简单的发声装置,如图 8-9 所示。它结构简单、应用丰富,能够模拟生活中的许多声音和音乐。它通过高低信号就能够发声。我们可以通过频率来控制音调,蜂鸣器的安装如图 8-10 所示,将蜂鸣器插到数字端口 9 上。

图 8-9　蜂鸣器

图 8-10　蜂鸣器安装

知识加油站

声音的频率越高,则声音的音调越高;声音的频率越低,则声音的音调越低。在程序中可以通过调整声音的延时时间来改变声音的频率。

程序设计

1. 超声波返回值

观测超声波返回值的程序要利用 Arduino 附带的超声波模块,程序如图 8-11 所示。超声波模块 trigger 数值是 5,echo 数值是 3,这两个端口要与超声波传感器和 Arduino 控制器连接的端口相一致。

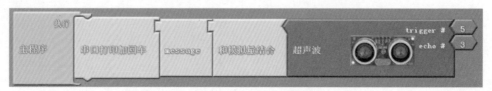

图 8-11　获取传感器返回值程序

第 8 课 智能拐杖

 抛砖引玉

超声波传感器的硬件设计会自动计算距离,在程序中不需要使用编程的方法来计算距离。但是超声波传感器需要给输出口一个高电平激活,这需要设定针脚程序。为了简化程序的设计,使用软件自带的超声波程序块帮助我们激活超声波传感器,只需要设置好输出端(trigger)和输入端(echo)就可以了。

打开串口监视器,监视器会显示距离值,单位 cm,如图 8-12 所示。

图 8-12　传感器返回值

2. 智能拐杖程序设计

智能拐杖的程序是要实现超声波测距离,障碍物越近,声音频率越高,因此在程序中使用了一个巧妙的算法设计,将超声波测到的距离与声音的延时时间变成一种线性关系:将距离乘以 20 就是声音延时时间,当距离越近时,发出的声音频率也就越高,程序如图 8-13 所示。

 抛砖引玉

图 8-13 的程序可以实现拐杖距离障碍物越近,发出的声音就越急促。实际生活当中,如果拐杖距离障碍物很远,就不需要发出声音了,你可以添加条件语句,只有在比较近的时候才发出提示声音。

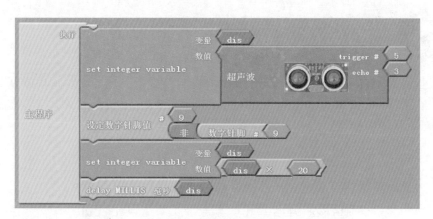

图 8-13　智能拐杖参考程序

▶完成效果

智能拐杖完成后效果如图 8-14 所示。

(a) 正面

(b) 侧面

(c) 后面

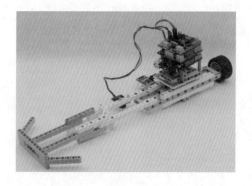

(d) 斜45°

图 8-14　完成后的智能拐杖

▶ 我问你答

什么是超声波？超声波传感器的工作原理是什么？

知识拓展

神奇的动物——蝙蝠

蝙蝠对人类的启示主要在于它的回声定位系统。蝙蝠喉头发出的超声波可以从嘴巴和鼻子中以声波脉冲的方式发射出去，如图8-15所示。超声波在遇到昆虫后能够折回，蝙蝠的耳朵接收后，这些超声波被传入大脑，蝙蝠的大脑经过处理声波后，就会形成反映四周地形的声波图，这样大脑就可以指挥蝙蝠作出下一步的行动了。

图8-15　蝙蝠捕食

智能拐杖

第 9 课　智能竹节虫

大自然中有很多昆虫都能够很好地伪装自己,有一种昆虫,它可以伪装成枯叶或树枝,它是自然界中的伪装大师,这就是竹节虫,如图 9-1 所示。

图 9-1　竹节虫

课程目标

- 理解环境光传感器的工作原理;
- 掌握环境光传感器的使用方法;
- 掌握蜗轮机构的设计;
- 掌握连杆机械结构的设计。

任务描述

制作智能竹节虫,它可以在地面或树枝上缓慢地爬行,白天基本不动,夜晚才出来活动。

动手制作

1. 蜗轮传动机构制作

由于竹节虫的行动十分缓慢,因此我们利用涡轮来进行传动,这样可以降低动力输出的速度,使得腿部的动作更加缓慢。

第9课 智能竹节虫

知识加油站

涡轮

涡轮（见图9-2）通常会与齿轮进行啮合，并且会连接两个互相垂直的轴，也就是说通过涡轮的传动可以改变力的方向，而且涡轮可以增大扭矩，降低速度。

它可以使被传动的齿轮具备自锁的功能。所谓自锁功能，是指只有涡轮这个轴可以人为旋转，而齿轮的轴是不能被人为旋转的，齿轮只能依靠涡轮的传动而转动。举个例子，如图9-3所示的夹子可以通过转动中间的轴来控制两个夹子的开合，但是夹子本身是锁定的。

图 9-2　涡轮

图 9-3　涡轮传动的夹子

竹节虫的蜗轮传动机构利用一个24齿轮和一个涡轮来传动4条腿行走，如图9-4所示。

图 9-4　涡轮传动机构

抛砖引玉

蜗轮传动机构虽然会使速度明显减慢，但是它可以增大扭矩，增加自锁的功能。你可以把蜗轮机构用到很多智能作品当中，例如，智能栏杆器使用蜗轮机构可以减慢速度并且锁定栏杆。如果遇到需要减速或自锁的情况，可以使用蜗轮机构来进行制作。

2. 电机安装

将电机安装到装有蜗轮的十字轴上,电机带动蜗轮转动,通过齿轮传动腿部行走,速度减慢 24 倍,同时扭矩增加 24 倍,如图 9-5 所示。

3. 腿部连杆机构制作

腿部机构的设计一般使用连杆机构,连杆机构可以将电机的圆周运动转变为腿部的前后往复运动,如图 9-6 所示。

图 9-5　电机连接涡轮

图 9-6　腿部机构

知识加油站

连杆机构

机器人的动力主要来自于电机,电机的运动是圆周运动,很多时候机器人要作上下或左右的往复运动,这时我们就可以利用连杆机构,将圆周运动转变为上下或左右的往复运动,如图 9-7 所示。

在图 9-7 中,A 和 D 是不动的点,称为机架,与机架相连的 AB 和 CD 叫机架杆。AB 机架杆作圆周运动,也称为曲柄。CD 连杆会被带动作往复运动,称为摇杆。连接两个机架杆的 BC 称为连杆。此连杆机构被称为曲柄摇杆机构。

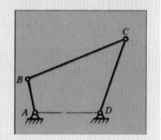

图 9-7　曲柄摇杆机构

4. 棘轮和棘爪的安装

由于竹节虫用轮子作为脚来行走,当它向前行走的时候,如果轮子向后转动,就会影响竹节虫前进的距离。因此,我们为竹节虫安装棘轮和棘爪,如图 9-8 所示。

图 9-8　棘轮和棘爪安装

第 9 课 智能竹节虫

知识加油站

棘轮和棘爪

棘轮机构的作用是当棘轮向前转动时非常顺利,而棘轮向后转动时会被棘爪阻止,我们使用的棘轮用直齿轮来代替。

5. 传感器安装

由于竹节虫是在夜间活动,我们为竹节虫安装环境光传感器,让竹节虫可以感知光线,只有在夜间才出来活动,进行觅食,环境光传感器的安装如图 9-9 所示。

图 9-9　环境光传感器的安装

知识加油站

环境光传感器

环境光传感器是模拟传感器,如图 9-10 所示,它可以对环境光线的强度进行检测。光线越强,返回数值越大;光线越弱,返回数值越小。

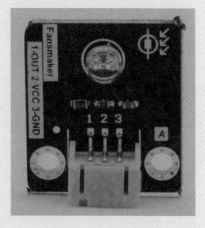

图 9-10　环境光传感器

抛砖引玉

环境光传感器可以感知环境光线的强度，实际上光电传感器还可以测量颜色，例如黑、白、红、绿。但是通常还要加一个 LED 灯（如灰度传感器），它的原理是将 LED 光束（一般是红光）打到桌面上，反射回来的光束被接收，从而通过返回光束的强弱判断桌面的颜色。我们的循线机器人就可以利用这种传感器来实现循线的功能。

程序设计

1. 环境光返回值

环境光返回值范围在 0~1024 之间，如图 9-11 所示。当环境光线越亮时，值越大；当环境光线越暗时，值越小。

图 9-11　环境光返回值

2. 竹节虫程序设计

通过程序设计实现竹节虫在白天伪装不动，当黑夜时才开始行动，程序如图 9-12 所示。

第9课 智能竹节虫

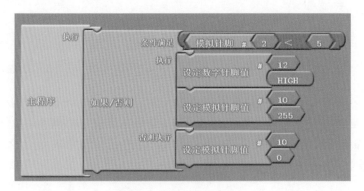

图9-12 竹节虫程序设计

▶ 完成效果

竹节虫完成后效果如图9-13所示。

(a) 正面

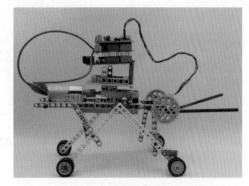

(b) 侧面

(c) 后面

(d) 斜45°

图9-13 完成后的竹节虫

▶ 我问你答

1. 连杆机构的作用是什么？

2. 使用蜗轮机构有哪3个作用？

Arduino & 乐高创意机器人制作教程

知识拓展

蜗轮减速箱

　　主要由蜗轮(或者齿轮)、轴、轴承和机箱等组成,而蜗轮(或者齿轮)、轴、轴承都由机箱来支撑。因此,减速箱箱壳必须具备足够的硬度,以免受载后变形从而导致传动质量下降。由于蜗轮减速箱具有耐用、传动比大、体积小、自锁能力强、结构简单、制造容易等特性,因此被广泛应用,但它的传动效率比较低,如图 9-14 所示。

图 9-14　涡轮减速箱

智能竹节虫

第10课　避障机器人

生活中已经出现了一种可以帮助家里清洁地面的机器人，如图10-1所示。这种机器人可以自动清洁地面，当它遇到障碍物的时候，可以自动躲避。这节课我们也来制作一个会躲避障碍的机器人。

图10-1　清洁机器人

课程目标

- 熟练使用触碰传感器；
- 学习轮式移动机器人的制作技巧；
- 掌握避障机器人的编程方法。

任务描述

利用触碰传感器制作会避障的机器人，当机器人遇到障碍物的时候，可以自动躲避并绕开障碍物。

动手制作

1. 避障机器人小车的搭建

机器人小车属于轮式移动机器人，车体结构主要使用梁和四方梁来搭建，如下图10-2所示。机器人小车采用两轮后驱驱动，搭建的车体结构与两个直流电机牢固地连接在一起。

图 10-2　避障机器人车体结构

2．电机的安装

电机固定在避障机器人小车的中后部分，将两个电机分别安装到机器人小车的左边和右边。

知识加油站

移动机器人

移动机器人分为轮式移动机器人、步行移动机器人（单腿式、双腿式和多腿式）、履带式移动机器人、爬行机器人、蠕动式机器人和游动式机器人等类型。

轮式移动机器人使用轮胎行走，轮式机器人主要研究定位、循线、追踪等技术问题。

抛砖引玉

轮式移动机器人的制作要注意以下几个方面的问题。

（1）后驱机器人的电机要安装在车体中后部，如图10-3所示。如果安装在中部，那么前后两端都要安装从动轮。

（2）机器人的重心要保持在中心，重心是在重力场中物体处于任何方位时所有支点重力的合力都通过的那一点，通俗地说就是机器人的搭建或安装的零件尽量安装在机器人中间的位置，重心靠前或靠后，都会产生机器人抖动，严重的时候还会发生翻车的情况。

图 10-3　电机安装

（3）轮式机器人制作完成后，车体应与地面平行。有些学生制作的轮式机器人前倾或后仰，这样都会影响机器人的行走。

3．轮胎的安装

避障机器人利用乐高橡胶轮胎，如图10-4所示。轮胎通过乐高十字轴与电机连接。

第 10 课　避障机器人

使用两个螺丝（也可使用尼龙螺丝）固定连接轴，并使用乐高十字轴连接轮胎，如图 10-5 和 10-6 所示。

图 10-4　轮胎

图 10-5　十字轴与轴连接

电机与轮胎的安装如图 10-7 所示。

图 10-6　轴连接与电机连接

图 10-7　电机与轮胎安装

知识加油站

轮胎的种类按轮胎大小来分，有大轮胎、中轮胎、小轮胎、宽轮胎、窄轮胎；按轮胎表面分有条纹轮胎、平面轮胎；按功能分有充气轮胎、实心轮胎、半充气轮胎。

抛砖引玉

要根据功能和环境选择合适的轮胎。例如，在机器人 FLL 工程挑战赛中，要进行准确的定位，机器人就要使用半充气平面轮胎，这样在小车转向时角度会更准确。相反，小车如果在平滑的地面上移动，就需要使用抓地力较强的条纹轮胎了。

4．万向轮的安装

在避障机器人底部安装万向轮，如图 10-8 所示。它起到从动轮的作用，并且可以使避障机器人的转动变得非常灵活，万向轮的安装如图 10-9 所示。

图 10-8 万向轮

图 10-9 万向轮安装

抛砖引玉

万向轮的优点是使机器人转动灵活,但是,它的缺点是机器人以直线行进时会有一些困难,你可能会发现机器人走直线时会走偏,这可以通过调节重心或改变电机功率参数等方法去调节。

5. 触碰传感器的安装

避障机器人通过触碰传感器来感知障碍物,触碰传感器固定在车头部位,如图10-10所示。将触碰传感器连接到数字针脚9上。

图 10-10 触碰传感器安装

知识加油站

触碰传感器是一个数字口传感器,如图10-11所示。在捕鼠器一课已经使用过,它会返回0和1两种数值,触碰传感器可以由一个很小的力量触发,同时,传感器上面的指示灯会亮起。

第 10 课　避障机器人

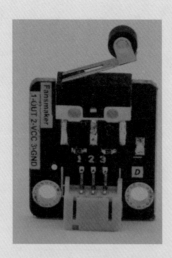

图 10-11　触碰传感器

程序设计

1. 触碰传感器的返回值

触碰传感器是数字传感器,返回的值为 0 或 1。当按下触动传感器时数值为 0,不按时数值为 1,测试程序如图 10-12 所示。

图 10-12　触碰传感器测试程序

2. 避障机器人的程序设计

如果前方没有碰到障碍物,则小车前进;如果前方碰到障碍物,则小车转弯。循环执行,程序如图 10-13 所示。

抛砖引玉

如果执行程序,没有遇到障碍物时,小车不是前进而是转弯,这就先要调整好电机的方向。有两种调整方式:一种是将电机的两个连接插头互换连接,这是物理方法;另一种是修改程序,将电机数字针脚的值取反,如"高"修改为"低","低"修改为"高",这是修改程序的方法。

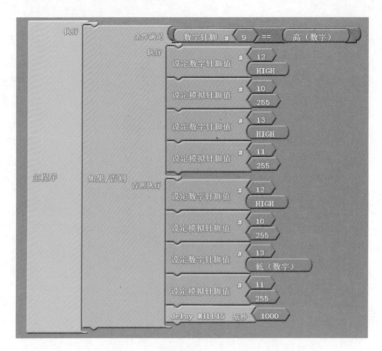

图 10-13 避障机器人的程序设计

▶完成效果

避障小车的完成效果图，如图 10-14 所示。

(a) 正面

(b) 侧面

(c) 后面

(d) 斜45°

图 10-14 完成后的避障小车

第10课 避障机器人

▶ 我问你答

制作轮式移动机器人的注意事项有哪些?

知识拓展

清洁机器人

打扫卫生是件非常无聊且让人头疼的事情,但现在市面上有种类丰富的清洁机器人可以代替我们打扫房间(如图10-15所示),帮你从繁重的家务当中解脱出来。

图 10-15　机器人清洁地面

清洁机器人特点如下。

(1)扫地省时、省力。整个清洁过程不需要人控制,减轻您操作负担,省下时间看电视、陪家人。

(2)低噪音。小于50分贝,清洁房间的过程免受噪音之苦。

(3)净化空气。内置活性炭,吸附空气中有害物质。

(4)轻便小巧。能轻松打扫普通吸尘器清理不到的死角。

避障机器人

第11课 循线小车

在机器人比赛当中有一项比赛经常出现,这就是机器人轨迹赛。竞赛要求是让机器人小车按照轨迹前进,不能脱离轨迹,如图 11-1 所示。接下来,我们要进行一场机器人小车轨迹赛,大家抓紧设计自己的竞赛小车吧!

图 11-1　机器人小车循线走

课程目标

- 了解循线传感器的工作原理;
- 掌握循线机器人小车的搭建方法;
- 掌握机器人小车循线的程序设计。

任务描述

- 机器人小车沿黑色直线行走;
- 机器人小车沿复杂图形行走。

动手制作

循线传感器安装在车头部分,传感器上配有一个安装孔,使用螺丝钉将传感器固定在积木上,如图 11-2 所示。循线传感器的探测头要贴近地面,当它识别到白色时,指示灯亮;当识别到黑线时,指示灯灭。我们将循线传感器安装到数字端口 4 上,然后就可以将循线传感器放在黑色或白色上面,同时观察循线传感器指示灯的状态,如果指示灯没有变化,说明传感器距离地面过远,我们还需要调整传感器与地面的距离。

图 11-2　循线传感器安装

第 11 课 循线小车

  知识加油站

循线传感器

循线传感器可以很方便地识别黑色和白色，如图 11-3 所示。它的工作原理是通过发射和接收红外线，根据循线传感器对于深色和浅色返回信号的不同，从而使机器人能够判别深色和浅色。循线传感器是比较常用的数字传感器，它通常用作识别黑色和白色，如果你的任务是识别不同的颜色，循线传感器显然达不到任务的要求。

黑色和白色

以黑色和白色为主的场地是各种机器人竞赛常用的场地，为什么呢？这是因为黑色和白色更容易被循线传感器或光电传感器识别。笔者经常参加 FLL 机器人竞赛（FLL 机器人竞赛是北京市青少年机器人竞赛的比赛项目，它起源于美国），场地上最多的就是黑色、白色、绿色、红色。绿色和黑色非常接近，红色和白色非常接近。

图 11-3 循线传感器

  抛砖引玉

循线传感器的位置要比电机安装的位置远一些，这样机器人循线前进时摆动幅度会更小。否则，传感器位置与电机越近，机器人循线前进时摆动幅度就会越大。

循线传感器上面的十字螺丝的作用是调节传感器探测的灵敏度，一般情况下不用调节，如果始终无法探测到黑线，则可以用十字螺丝刀慢慢旋转进行调节。

程序设计

机器人小车沿黑色直线前进的程序如图 11-4 所示。

  抛砖引玉

图 11-4 中的机器人循线的程序被称为 S 型走法，这种走法非常稳定，机器人不会出现问题。但是，它的缺点就是小车循线速度很慢。如果我们要让小车的循线速度变得更快，可以将两个电机的速度进行修改，一个电机快一些，一个电机慢一些，修改参数后机器人要经过不断的实践，找到最适合机器人的参数值，最终才能提高小车的行进速度。

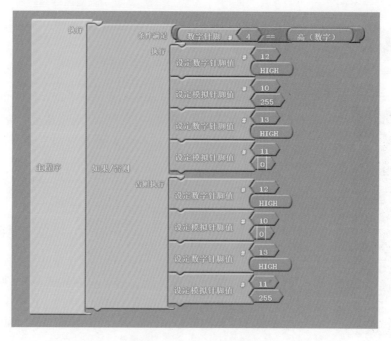

图 11-4　小车走直线程序

▶完成效果

循线小车完成后效果如图 11-5 所示。

(a) 正面

(b) 侧面

(c) 后面

(d) 斜45°

图 11-5　完成后的循线小车

▶ 我问你答

循线传感器是如何识别黑色和白色的?

知识拓展

"复眼"传感器

"复眼"传感器模拟昆虫的复眼,它是由多个红外传感器组成的,如图11-6所示。这些传感器同时工作,就可以判断被控测物体的位置。"复眼"传感器最初用在机器人循线中,它的使用大大提高了机器人循线的速度和成功率,在机器人足球竞赛中也用到了"复眼"传感器,机器人利用它可以快速地发现并找到发光球体。

图11-6 "复眼"传感器

循线小车

第12课 相扑机器人

日本盛行一种叫作"相扑"的比赛,比赛时两位大力士在一个圆圈内相互角力,一方把另一方推出圈外后就会获得比赛的胜利,如图12-1所示。你能做一个机器人大力士吗?让机器人去参加"相扑"比赛!

图 12-1 相扑运动

课程目标

- 掌握超声波传感器识别障碍物的程序设计方法;
- 熟练掌握使用循线传感器识别黑线的方法。

任务描述

2个机器人在一个圆圈内相互角力,两方机器人都不得出圈,一方出圈或一方被另一方推出圈外将会输掉比赛。

动手制作

1. 超声波传感器的安装

将超声波传感器安装在机器人小车的头部,安装位置不要太高,否则会探测不到对方的机器人,如图12-2所示。超声波传感器引脚 trig 连接到数字针脚 5 的数据引脚,引脚 echo 连接到数字针脚 3 的数据引脚,如图 12-3 所示。

第 12 课　相扑机器人

图 12-2　超声传感器安装

图 12-3　超声波传感器连接数字针脚

2. 循线传感器的安装

循线传感器安装在机器人小车的前面，传感器固定位置与地面越近越好（但不要接触地面），如图 12-4 所示。循线传感器安装在数字针脚 7 上，如图 12-5 所示。

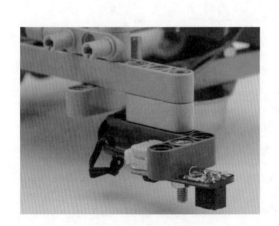

图 12-4　循线传感器安装

图 12-5　循线传感器连接数字针脚 7

 抛砖引玉

循线传感器探测到白色时绿色提示灯会亮起，探测到黑色时，指示灯熄灭。可以用十字螺丝刀调节传感器上面的十字螺丝来调节传感器的灵敏度。

程序设计

1. 机器人小车在圆圈内前进的程序

机器人小车首先要保证自己不能出圈,因此,当机器人小车遇到黑线时,应该后退并转弯,而在白色地面时机器人小车应该一直前进,程序如图12-6所示。

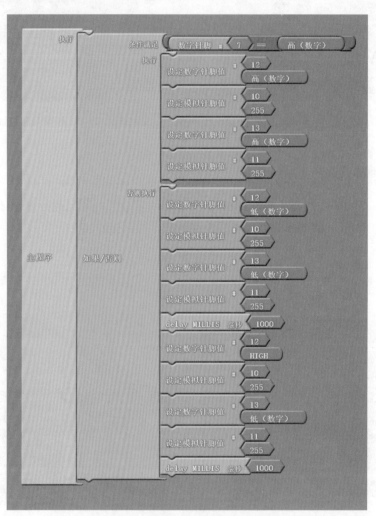

图12-6 机器人小车在圆圈内行进

 抛砖引玉

机器人小车两个电机转动的方向要依据电机导线的安装位置,在程序中相应调整两个电机的转动方向,完成机器人小车不出圈的任务要求。

2. 自动识别对手程序

我们让机器人小车更加主动一些，它可以通过超声波传感器来控测对手并发动攻击。当超声波探测到对手时，机器人小车前进，否则，原地慢速旋转寻找对手，程序如图 12-7 所示。

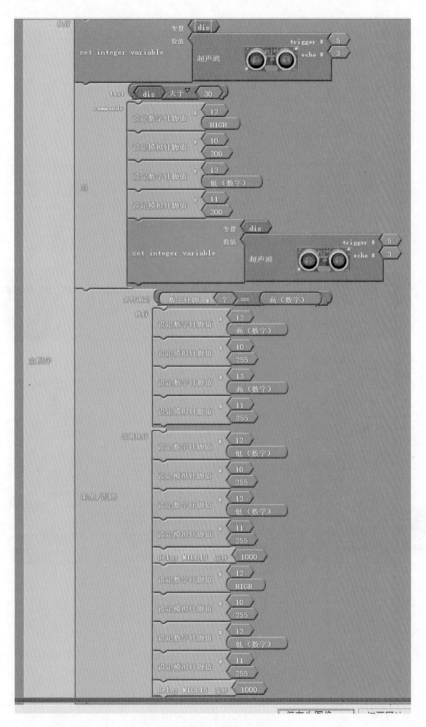

图 12-7　相扑机器人程序

Arduino & 乐高创意机器人制作教程

 抛砖引玉

相扑机器人的转速不能过快,这样做机器人有可能不会发现对手,可以适当将速度调低一些,本程序中用的是速度200,我们可以根据自己机器人小车的情况控制好旋转的速度。相扑机器人如果可以进攻,那会是一件非常厉害的事情。但是,我们需要记住的是,机器人识别黑线的程序一定要设计好,如果机器人自己走出圈,那就只能认输了。

▶完成效果

相扑机器人最终完成后效果如图12-8所示。

(a) 正面

(b) 侧面

(c) 后面

(d) 斜45°

图12-8 完成后的相扑机器人

▶我问你答

超声波传感器有盲区,在盲区超声波传感器会传递错误的信号,请阐述如何避免这个问题。

第12课 相扑机器人

知识拓展

《机器人大擂台》

《机器人大擂台》是由英国 TNN 电视台发起组织的世界上规模最大的科普类游戏节目，1998 年在英国电视台首次公演。它的搏斗系列已经覆盖了全球 27 个国家，包括英国、美国、瑞典、意大利、荷兰。现在，很多国家现在也发展了自己的机器人大战系列，如图 12-9 所示。

图 12-9 机器人大擂台

相扑机器人

第13课　会走路的机器人

人型机器人始终是科学家们研究的重要内容,如图 13-1 所示。机器人如何能够像人一样自由的行走至今仍是需要研究的问题,不过已经有人畅想在 2050 年将会组织一场人类和机器人的比赛,如图 13-2 所示,哪方能取胜可能只有等到那时才可以知晓,这节课就让我们先来制作一个会走路的机器人吧。

图 13-1　人型机器人

图 13-2　踢足球机器人

课程目标

- 了解人型机器人的研究现状;
- 掌握触摸传感器的使用方法;
- 掌握人型行走机构的设计。

任务描述

机器人可以用两条腿走路,安装触摸传感器,通过人的触摸来启动机器人。

动手制作

1. 传动机构制作

传动机构利用双面斜齿和冠状齿轮传动,详细讲解已经在第 7 课"胆小的蜘蛛"中进行了详细描述，这里就不再赘述，传动机构搭建如图 13-3 所示。

2. 电机安装

将电机与传动机构进行连接，电机的固定十分重要，如果固定不稳，那么机器人行走的时候就会出现很严重的问题。电机安装如图 13-4 所示。

图 13-3　传动机构

图 13-4　电机安装

3. 腿部结构制作

为了实现机器人走路，使用连杆机构实现机器人的脚模拟人的腿部进行行走。

使用 3 个齿轮进行传动，两个 24 齿齿轮传动 40 齿齿轮，如图 13-5 所示。在 40 齿齿轮上连接连杆，连杆另一端固定住，这样当齿轮转动时，就可以实现迈步的动作。完成后的腿部结构如图 13-6 所示。

图 13-5　齿轮传动

图 13-6　齿轮连接连杆

注意左右腿部安装的时候齿轮与连杆连接的位置，左右应是对称的。

抛砖引玉

2个24齿齿轮传动40齿齿轮，其实进行了减速，但是减速并不是唯一目的，用大齿轮传动是考虑到腿部迈出的步子可以变大，你可以尝试24齿传动40齿再传动24齿，用24齿连接连杆，这样速度不变，不过迈出的步子要小一些。

4．传感器安装

会走路的机器人使用一个触摸传感器（或触动传感器）来启动，使用触摸传感器时只需要将手指按到传感器上金色的部分，如图13-7所示，就可以启动机器人。本课中使用触摸传感器来控制，如果没有触摸传感器，也可以使用触动传感器来代替。

将触摸传感器安装到走路机器人的一侧，如图13-8所示。

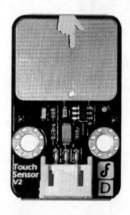
图13-7　触摸传感器

图13-8　安装传感器

知识加油站

触摸传感器

触摸传感器是数字信号传感器，它是基于电容感应原理。人体或金属在传感器金属面上的直接触碰就会被感应到。除了直接触摸，隔着一定厚度的塑料、玻璃等材料的接触也可以被感应到，感应灵敏度随接触面的大小和覆盖材料的厚度而变化。

程序设计

1．触摸传感器返回值

利用串口监视器查看触摸传感器的返回值，如图13-9所示，没有触摸时返回0，触摸时

第 13 课　会走路的机器人

返回 1。当触摸传感器被感应到时，板上绿色 LED 灯会亮起。

图 13-9　触摸传感器返回值

2．人型机器人程序

通过触摸传感器启动机器人，机器人行走 8s，参考程序如图 13-10 所示。

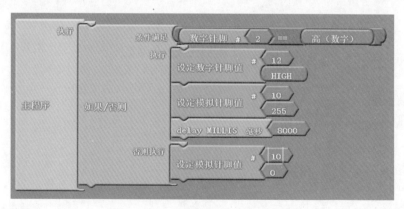

图 13-10　走路的机器人参考程序

▶ 完成效果

会走路的机器人完成后效果如图 13-11 所示，在测试机器人行走时，由于用积木制作的脚掌较滑，因此可以选择一些摩擦力比较大的地面或在机器人脚底添加防滑装置。

▶ 我问你答

会走路的机器人使用触摸传感器作为启动设备，还有哪些传感器也可以作为机器人启动的设备呢？

Arduino & 乐高创意机器人制作教程

(a) 正面

(b) 侧面

(c) 后面

(d) 斜45°

图 13-11　完成后的会走路的机器人

知识拓展

电容感应式触摸系统

　　它的核心是一对相邻电极组成的电容感应。当一个导体（如手指）接近这些电极时，两个电极之间的电容就会增加，如图 13-12 所示，可以通过微控制器检测到。另外，电容感应还可用于接近感应，传感器和用户身体并不需要接触到。这可以通过提高传感器的灵敏度来达到。

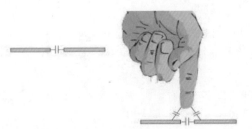

图 13-12　触摸传感器

扫一扫

本章视频资源

会走路的机器人

第14课 太空运输机器人

1957年10月4日,前苏联第一颗人造卫星上天,拉开了人类航天时代的序幕。前苏联宇航员加加林(如图14-1所示)于1961年4月12日,乘坐前苏联"东方号"飞船(如图14-2所示)环绕地球飞行了一圈,历时近2小时,成为第一位进入太空的人。太空是个神秘的地方,也是人类努力探索的地方,这节课需要你去制作一艘"太空运输机器人",为宇宙飞船运送燃料。

图14-1 宇航员

图14-2 飞船

课程目标

- 掌握机器人攀爬的机械结构设计;
- 熟练使用声音传感器控制机器人。

任务描述

太空运输机器人可以沿布带向上攀爬,在太空中将燃料送往宇宙飞船。请你安装声音传感器,当太空运输机器人爬到最顶部时,通过声音传感器控制太空运输机器人的爬行方向。

动手制作

1. 太空运输机器人的传动机构

太空运输机器人使用齿轮进行传动,齿轮传动比是24∶40,输出扭矩增大,速度减慢,如图14-3所示。

Arduino & 乐高创意机器人制作教程

齿轮传动比的确定取决于使用马达的扭矩和转速，如果使用 40∶24 的传动比，你会发现运输机无法向上爬行了，原因是它的扭矩太小了。

2. 攀爬结构设计

攀爬结构实际上是利用橡胶轮胎在布带上攀爬，如图 14-4 所示，依靠轮胎与布带的摩擦力使运输机器人可以向上爬行。在运输机器人向上爬行的过程中要用手将布带伸直。

图 14-3　齿轮传动机构

图 14-4　爬行机构

3. 电机安装

将电机固定在运输机上，并与乐高十字轴进行连接，如图 14-5 所示。

4. 传感器安装

太空运输机器人使用了前面学习过的声传感器，当没有声音的时候，运输机器人向上爬行，当爬行到顶端时发出声音，运输机器人将向下运行，声音传感器的安装如图 14-6 所示。

图 14-5　电机安装

图 14-6　声音传感器安装

第14课 太空运输机器人

 抛砖引玉

太空运输机器人利用声音传感器进行上下运动。当然,我们还可以选取其他传感器控制运输机器人的运行方向,例如我们学习过的触动传感器、触摸传感器等。因此,你可以根据自己的使用目的来选择不同的传感器完成任务。

程序设计

1. 声音传感器返回值

声音传感器的返回值在 0~1024 之间,如图 14-7 所示。

图 14-7 传感器返回值

2. 太空运输机器人参考程序

没有发出声音时，太空运输机器人一直向上运行，当发出声音后，太空运输机器人向下运行 2s。太空运输机器人参考程序如图 14-8 所示。

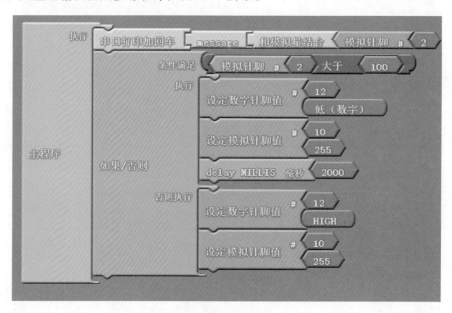

图 14-8　参考程序

抛砖引玉

可以自己进行程序创新设计，开发出一些比较有意思的功能，例如使用声音的音量来控制太空运输机器人的运行速度。这里需要使用一个新的映射模块，它可以把 0~1024 之间的数值转换为 0~255 之间的数值，如图 14-9 所示。这样利用声音就可以控制太空运输机的运行速度了。什么是映射？举个例子，0~100 之间的 30 可以映射为 0~10 之间的 3。

图 14-9　映射模块

▶完成效果

太空运输机器人完成后的效果如图 14-10 所示。

第14课　太空运输机器人

(a) 正面

(b) 侧面

(c) 后面

(d) 斜45°

图 14-10　完成后的太空运输机器人

▶ 我问你答

1. 太空运输机器人是如何实现向上攀爬的？

2. 环境光传感器取值在 0～1024 之间，而 LED 的明暗在 0～255 之间，如何使用环境光传感器的光线强弱来控制 LED 灯的明暗呢？

知识拓展

爬壁机器人

爬壁机器人又称为壁面移动机器人，因为垂直壁面作业超出了人的极限，因此在国外又称为极限作业机器人。爬壁机器人必须具备吸附和移动两个基本功能。

常见吸附方式有负压吸附和永磁吸附两种。其中负压方式可以通过使吸盘内产生负压而吸附于壁面上，不受壁面材料的限制；永磁吸附方式则有永磁体和电磁铁两种方式，只适用于吸附导磁性壁面。

爬壁机器人主要用于石化企业对圆柱形大罐进行探伤检查或喷漆处理，或对建筑物进行清洁和喷涂，如图 14-11 和图 14-12 所示。在核工业中，用来检查、测厚等，还可以用于消防和造船等行业。日本在爬壁机器人研究方面发展迅速，中国也于 20 世纪 90 年代开始进行相关的研究。

图 14-11　爬壁机器人 1

图 14-12　爬壁机器人 2

太空运输机器人

第15课　红外遥控机器人

现在有很多遥控玩具，比如遥控汽车（见图15-1）、遥控飞机（见图15-2），你有没有想过自己动手制作一个遥控机器人呢？这节课我们要制作一个遥控机器人，利用红外无线技术通过程序设计实现对机器人的控制。

图15-1　遥控汽车

图15-2　遥控飞机

课程目标

- 了解红外遥控技术的原理；
- 掌握红外接收传感器和程序编写的方法；
- 掌握子程序的编写方法。

任务描述

利用红外接收传感器和遥控面板控制机器人的前进、后退、左转、右转。

动手制作

1. 红外接收传感器的安装

将红外传感器安装到机器人小车上，如图15-3所示。

图 15-3　红外传感器安装

知识加油站

红外接收传感器

红外接收传感器会接收红外线信号并对信号进行处理，如图 15-4 所示。红外线信号波长在 840～960nm 之间，红外接收传感器将会接收到波长在这一范围的红外光，通过红外接收传感器将红外线光信号转为电信号，再经过放大、整形、解调后还原成数据编码。

图 15-4　红外传感器

2. 红外发射控制面板

红外发射控制面板上面有 21 个按钮，通过按压控制面板上的按钮来发射不同编码的红外信号，如图 15-5 所示。

在控制面板上按下不同的按钮将会发出不同的数据编码，编码是通过载波输出的，载波是电信号驱动红外发光二极管，将电信号转换为红外光信号发射出去。

遥控器的每个按钮都对应了不同的编码，不同的遥控器使用的编码也不相同。我们使用的红外遥控器的按钮与数据编码的对应关系如表 15-1 所示。

第15课 红外遥控机器人

图 15-5 红外发射控制面板

表 15-1 数据编码对应表

按钮	编码	按钮	编码	按钮	编码
CH－	FFA25D	CH	FF629D	CH＋	FFE21D
后退	FF22DD	前进	FF02FD	播放	FFC23D
－	FFE01F	＋	FFA857	EQ	FF906F
0	FF6897	100＋	FF9867	200＋	FFB04F
1	FF30CF	2	FF18E7	3	FF7A85
4	FF10EF	5	FF38C7	6	FF5AA5
7	FF42BD	8	FF4AB5	9	FF52AD

从表 15-1 可以看出，数据编码是字母与数字相结合的一组编码，实际上这是一组十六进制的数字，每一个按钮都对应着一个十六进制编码。

 抛砖引玉

十六制编码

我们在生活当中经常用到的是十进制数，即逢十进一，每位可以表示数字范围0～9；在计算机中常使用的是二进制数，即逢二进一，每位可以表示的数字是0和1；而十六进制也是在计算机中常用的数制，即逢十六进一，每位可以表示的数字范围是0～9、A、B、C、D、E、F（其中字母分别表示 10、11、12、13、14、15）。

程序设计

由于前面课程中所使用的 ArduBlock 程序版本不支持红外遥控的程序设计，因此我们需要打开 ArduBlock 红外版本进行红外遥控程序的编写。

1. 串口调试

红外发射面板发射的数据编码能否被红外传感器接收呢？通过编写程序（如图 15-6 所示），我们将红外接收传感器连接到数字接口 8，然后通过串口监视器就可以看到所接收的红外编码值，如图 15-7 所示。

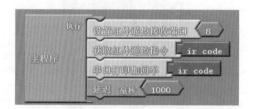

图 15-6 红外传感器串口显示程序

图 15-7 传感器返回值

抛砖引玉

我们使用的是基于 NEC 协议的遥控面板，因此，当按住按键不放时，返回值为 FFFFFFFF，而不是重复发送同一编码，这一点要注意。

2. 程序编写

红外无线控制程序的编写主要是通过红外传感器接收红外信号，我们不能通过数字针

第 15 课 红外遥控机器人

脚直接得到编码值,要通过以下两个模块来获取编码值:第一个程序块的作用是设置红外接口为数字口 8,另一个是将获取的编码值赋值给字符串数组 ir code,当然,你也可以修改这个数组名,程序如图 15-8 所示。

图 15-8　红外无线程序模块

红外控制机器人前进和停止的程序如图 15-9 所示。

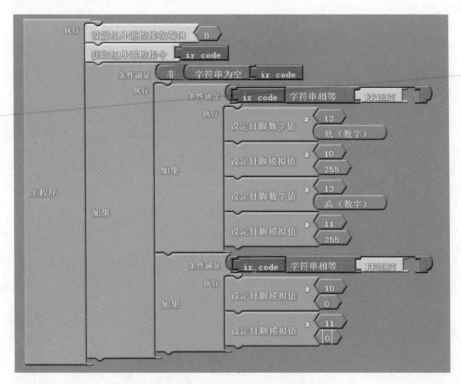

图 15-9　红外控制机器人前进程序

 抛砖引玉

数据编码存放在 ir code 的字符串数组中,如果没有按下按键,则 ir code 为空,不用进行任何操作,因此,在空操作符前加了一个"非"逻辑运算符,即表示"非空"条件。

ir code 是字符串数组,当它与按键编码进行比较时,实际上是两个字符串进行比较,要使用"字符串相等"编程模块,在对应的 C 语言中是 strcmp 函数进行比较,如果两个字符串相等,则执行条件中的语句。

我们用红外技术控制机器人的前进、后退、左转、右转,程序比较长,我们使用子程序来编写程序,这样看起来会更加清楚。

105

知识加油站

子程序

子程序在程序设计中经常会被用到,尤其是比较复杂的程序。子程序可以简化主程序的程序框架,让人们在读程序的时候更加简单易懂。另一个作用就是当需要重复使用一段程序时,我们使用子程序就更加方便了,不需要重复编写代码,减少了程序的编写量,提高了程序的执行效率。

子程序编写的程序如图 15-10 所示,子程序 up 是机器人前进程序,子程序 stop 是机器人停止程序。

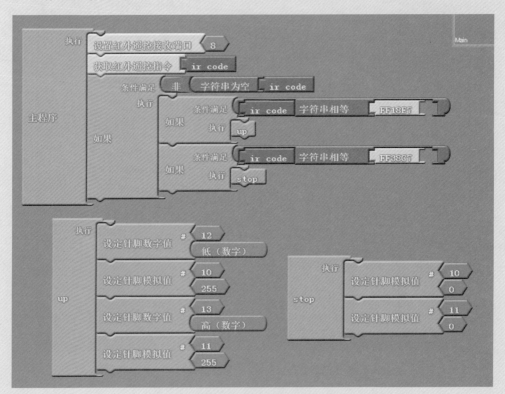

图 15-10 使用子程序编写的控制机器人前进程序

 抛砖引玉

你会发现在使用子程序后,主程序再读起来就非常简单易懂了,子程序的使用简化了主程序的代码,使得主程序的可读性更强。

▶ 完成效果

红外遥控机器人的完成效果如图 15-11 所示。

第15课 红外遥控机器人

(a) 正面

(b) 侧面

(c) 后面

(d) 斜45°

图 15-11 完成后的红外遥控机器人

当我们控制红外遥控机器人时,要注意在按下遥控器按键时,需要快速按下和松开,不要停顿,如果停顿时间较长就会发出 FFFFFFFF 编码,这样机器人的动作会发生错误。

▶ 我问你答

1. 红外无线技术在生活中有哪些应用?

_____

2. 如何进行两个字符串之间的比较?

_____

知识拓展

蓝牙技术

蓝牙(Bluetooth)是一种无线技术标准,它的标志如图 15-12 所示,蓝牙可实现固定设备和移动设备之间的短距离数据交换。在乐高机器人 EV3 控制器中已经加入了蓝牙无线通信功能，可以使用蓝牙进行机器人之间的无线通信。

当然，如果我们在 Arduino 传感器扩展板上加入蓝牙扩展模块，就可以使用 Arduino 蓝牙模块进行信息的传递并控制机器人的动作。

图 15-12　蓝牙标志

红外遥控机器人

附录 A 【我问你答】参考答案

第 1 课

1. 如果 LED 灯只亮和灭一次,不循环执行,那么程序如何编写?请实践。

答:LED 程序如果不执行循环,就需要将程序写入"设定"程序中,在"设定"中的程序只会执行一次。

2. 请列举数字信号的设备还有哪些?

答:触动传感器、蜂鸣器、直流电机、数字舵机等。

第 2 课

你对 PWM 技术是如何理解的?

答:数字信号只有高(5V)、低(0V)两种电压信号,如果要使灯变暗,可以串联电阻来实现,但是程序中要实现频繁变换灯的不同亮度,用电阻的方法就不现实了。我们需要使用 PWM 技术,PWM 技术可以将一个数字设备看作"模拟设备"来操作。

第 3 课

1. 如果电机设置模拟端口速度为 900,那它实际的速度应该是多少?

答:实际速度为 135,即 900 除以 255 取余数。

2. 编写程序的 3 种程序结构是什么?

答:顺序结构、循环结构、分支结构。

第 4 课

如何改变电机的转动方向?

答:第 1 种方法是改变数字端口 13 或数字端口 12 中的值(高电平或低电平)。第 2 种方法是将电机的两根导线互换连接。

第 5 课

1. 触动传感器按下时返回值_____,松开时返回值_____。

答:触动传感器按下时返回值 0,松开时返回值 1。

2. 请简述如何能够在串口监视器中显示传感器返回的数值。

答:(1) 编写程序"串口打印加回车",连接数字或模拟针脚。

(2) 将程序上载到 Arduino 主板。

(3) 打开串口监视器。

第 6 课

根据齿轮传动公式写出下面例 6-1、例 6-2、例 6-3 中扭矩和角速度的变化。

答：例 6-1 中输出扭矩的变化减小 5 倍，输出角速度的变化增大 5 倍。

例 6-2 中输出扭矩的变化减小 5 倍，输出角速度的变化增大 5 倍。

例 6-3 中输出扭矩的变化不变，输出角速度的变化不变。

第 7 课

1. 冠状齿轮的作用是什么？

答：改变传动方向。

2. 声音传感器是否可以识别人说出的话呢？为什么？

答：声音传感器无法识别人说的话，只能获取人声音的大小，我们也可以把声音传感器看成一个小的麦克风，它只获取音量信息。

第 8 课

什么是超声波？超声波传感器的工作原理是什么？

答：正常人的耳朵只能听到 20～20 000 Hz 之间的声音，低于和高于此频率范围的声音人都听不到。我们通常把高于 20 000 Hz 的声音称为超声。

超声波传感器有一个发射端口和一个接收端口，发射端发射超声波，超声波传播到物体上反射回来被接收端接收，这样就得到了发射和接收超声波的时间。我们可以利用公式：测试距离＝（时间×声速）/2，声速为 340m/s，这样就可以计算出传感器与物体之间的距离。

第 9 课

1. 连杆机构的作用是什么？

答：电机的运动是圆周运动，很多时候机器人要做上下或左右的往复运动，这时就要利用连杆机构。它可以实现把圆周运动转变为上下或左右的往复运动。

2. 使用蜗轮机构有哪 3 个作用？

答：减慢速度，增加扭矩，自锁。

第 10 课

制作轮式移动机器人的注意事项有哪些？

答：（1）电机的安装位置（前驱或后驱）十分重要，我们制作的后驱机器人的电机要安装在车体中后部，如果安装在中部，那么前后两端都要安装从动轮。

（2）机器人的重心要保持在中心，重心是在重力场中物体处于任何方位时所有支点重力的合力都通过的那一点，通俗地说就是机器人搭建或安装的零件尽量安装在机器人中间的位置，如果重心靠前或靠后，会产生机器人抖动的后果，严重的时候还会引发翻车。

（3）轮式机器人制作完成后，车体应与地面平行，制作的轮式机器人不要前倾或后仰，否则会影响机器人的行走。

附录A 【我问你答】参考答案

第 11 课

循线传感器是如何识别黑色和白色的？

答：循线传感器可以很方便地识别黑色和白色，它的工作原理是通过发射和接收红外线，根据循线传感器对于深色和浅色返回的信号不同，从而使机器人能够判别深色和浅色。

第 12 课

超声波传感器有盲区，在盲区超声波传感器会传递错误的信号，请阐述如何避免这个问题。

答：我们要将超声波传感器放置在机器人里靠内一些的位置，让超声波的最小测量值大于 2cm，也就是去掉盲区部分。

第 13 课

会走路的机器人使用触摸传感器作为启动设备，还有哪些传感器也可以作为机器人启动的设备呢？

答：触动传感器、按钮、声音传感器等。

第 14 课

1. 太空运输机器人是如何实现向上攀爬的？

答：攀爬结构实际上是利用橡胶轮胎在布带上攀爬，依靠轮胎与布带的摩擦力使运输机器人可以向上爬行。在运输机器人向上爬行的过程中要用手将布带伸直。

2. 环境光传感器取值在 0～1024 之间，而 LED 的明暗在 0～255 之间，如何使用环境光传感器的光线强弱来控制 LED 灯的明暗呢？

答：需要使用一个新的映射模块，它可以把 0～1024 之间的数值转换为 0～255 之间的数值。

第 15 课

1. 红外无线技术在生活中有哪些应用？

答：遥控器、红外测量距离、红外夜视仪、红外感应门、洗手池的红外感应等。

2. 如何进行两个字符串之间的比较？

答：两个字符串进行比较，要使用"字符串相等"编程模块，在对应的 C 语言中是 strcmp 函数。

附录 B 搭 建 参 考

第 2 课 会发光的 LED 灯

表 B-1 会发光的 LED 灯搭建步骤

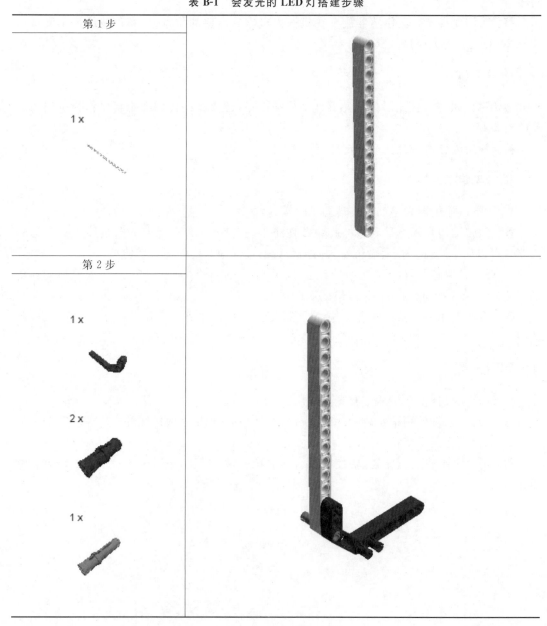

续表

第 3 步	
1x	
第 4 步	
1x 1x	
第 5 步	
1x 1x	

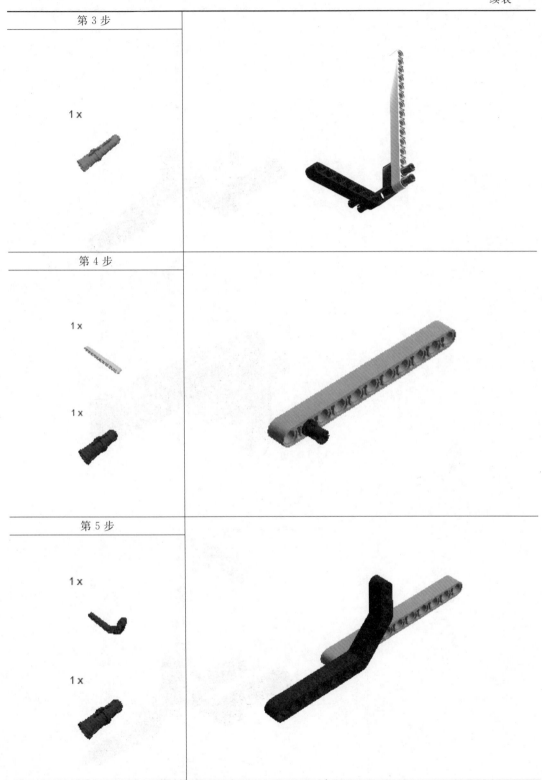

续表

第 6 步 连接	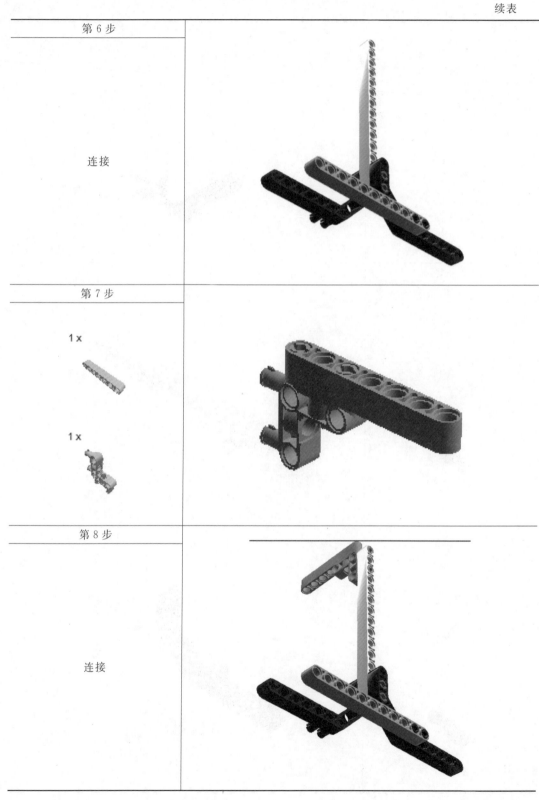
第 7 步 1 x 1 x	
第 8 步 连接	

续表

第 9 步	1x 1x 1x	
第 10 步	2x 连接	
第 11 步		

续表

第 12 步	

1 x	4495930 TECHNIC 7M BEAM - Medium Stone Grey	2 x	4611705 TECHNIC 11M BEAM - Medium Stone Grey	1 x	4542578 TECHNIC 15M BEAM - White
2 x	4111998 DOUBLE ANGULAR BEAM 3X7 45° - Black	4 x	4121715 CONNECTOR PEG W. FRICTION - Black	2 x	4514553 CONNECTOR PEG W. FRICTION 3M - Bright Blue
1 x	4225033 BEAM 3 M. W/4 SNAPS - Medium Stone Grey	1 x	4296059 Angular beam 90degr. w.4 snaps - Medium Stone Grey	1 x	4540797 BEAM H. FRAME 5X11 Ø4.85 - Medium Stone Grey

第 3 课　高尔夫球手

表 B-2　高尔夫球手搭建步骤

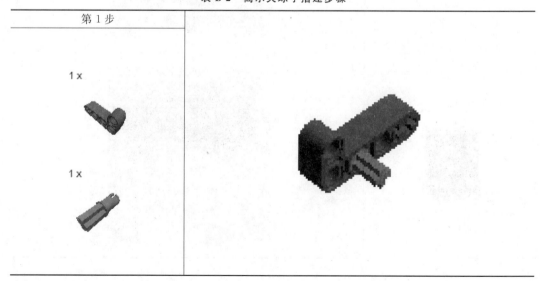

第 1 步	
1 x 1 x	

附录B 搭建参考

续表

第 2 步	
1x 1x 1x	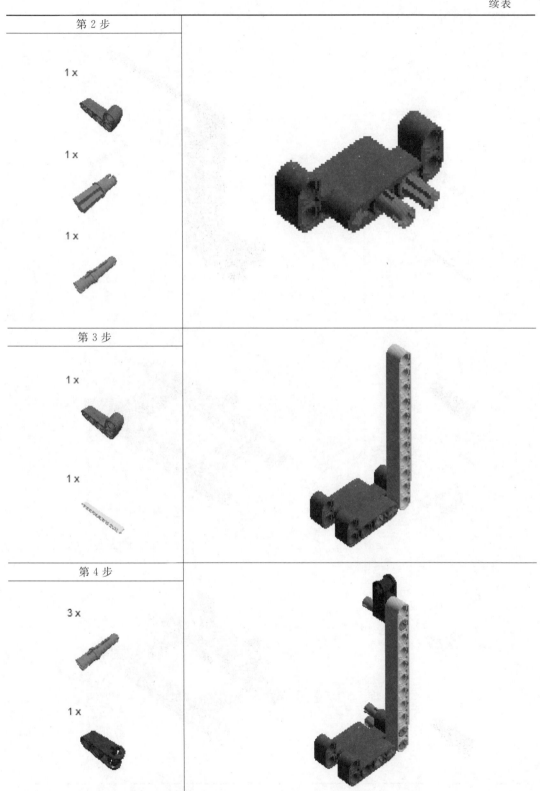
第 3 步	
1x 1x	
第 4 步	
3x 1x	

续表

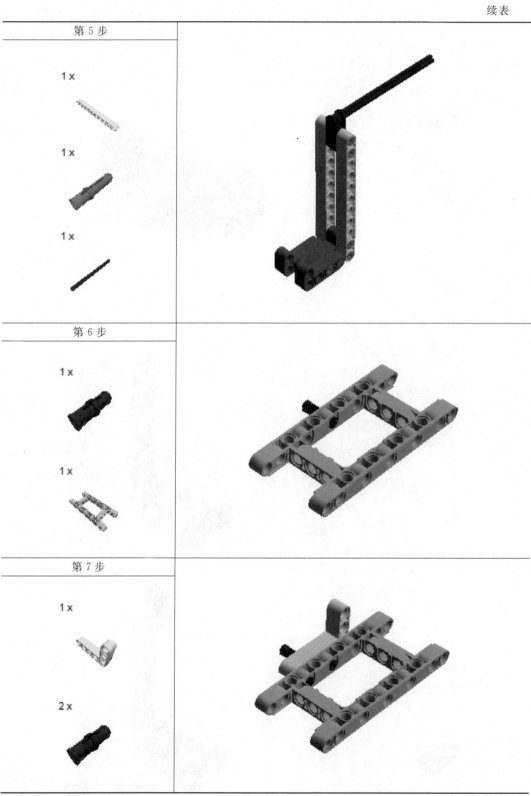

第 5 步	
1×	
1×	
1×	

第 6 步	
1×	
1×	

第 7 步	
1×	
2×	

附录B 搭建参考

续表

第 8 步	
1x 1x	

第 9 步	
1x 2x 1x	

第 10 步	
1x 3x	

119

续表

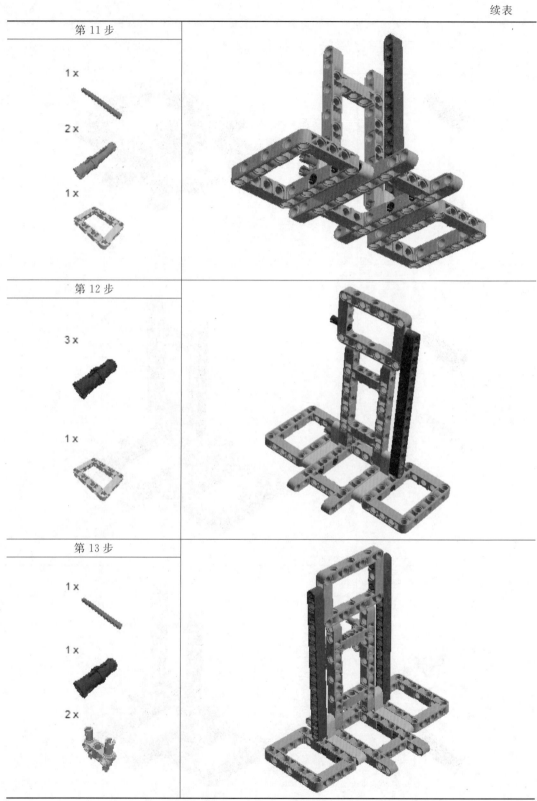

续表

第 14 步	2x 1x	
第 15 步	1x 1x 1x 1x	
第 16 步	连接	

续表

	第 17 步	

	第 18 步 使用长螺丝连接	
	第 19 步 2× 	

续表

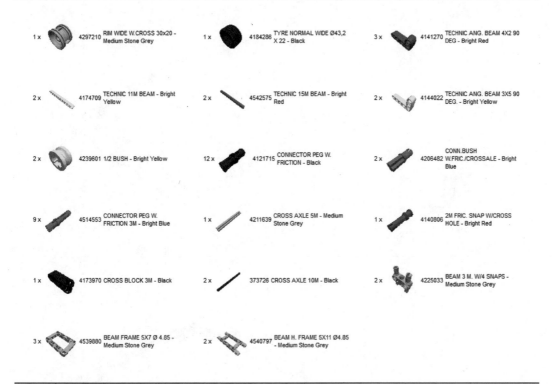

第 5 课 捕鼠器

表 B-3 捕鼠器搭建步骤

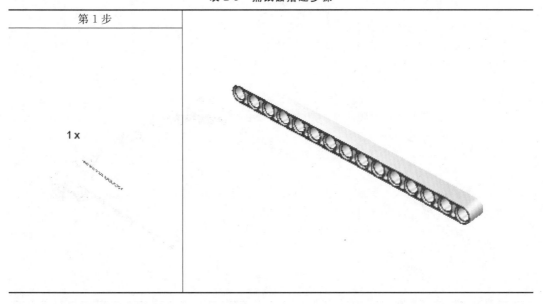

续表

第 2 步	
2x 2x	
第 3 步	
2x	
第 4 步	
1x	

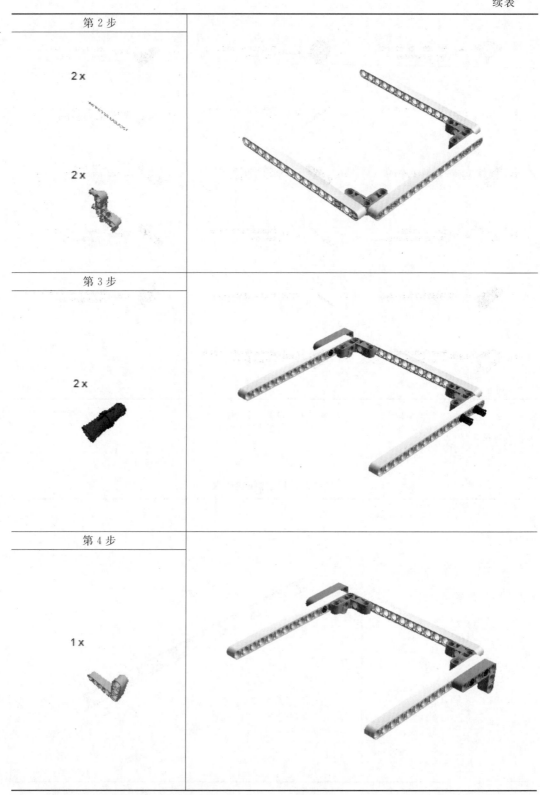

续表

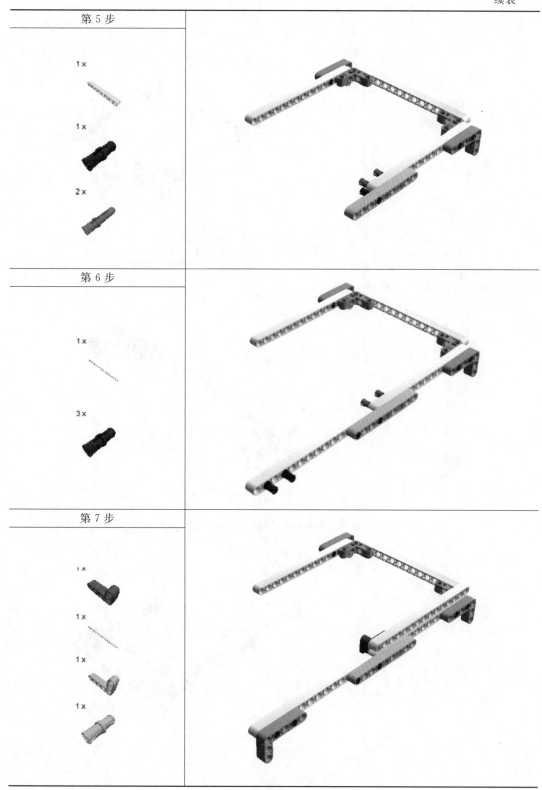

第 5 步	
第 6 步	
第 7 步	

续表

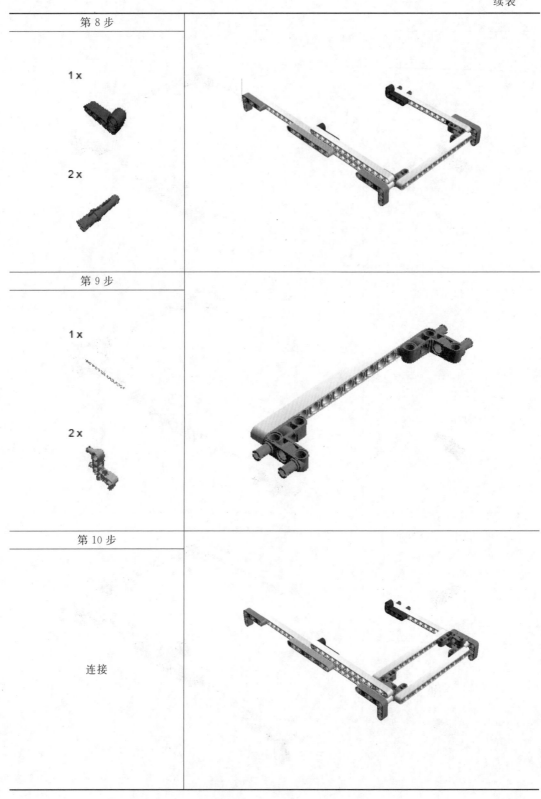

第 8 步	
1x ... 2x ...	
第 9 步	
1x ... 2x ...	
第 10 步 连接	

续表

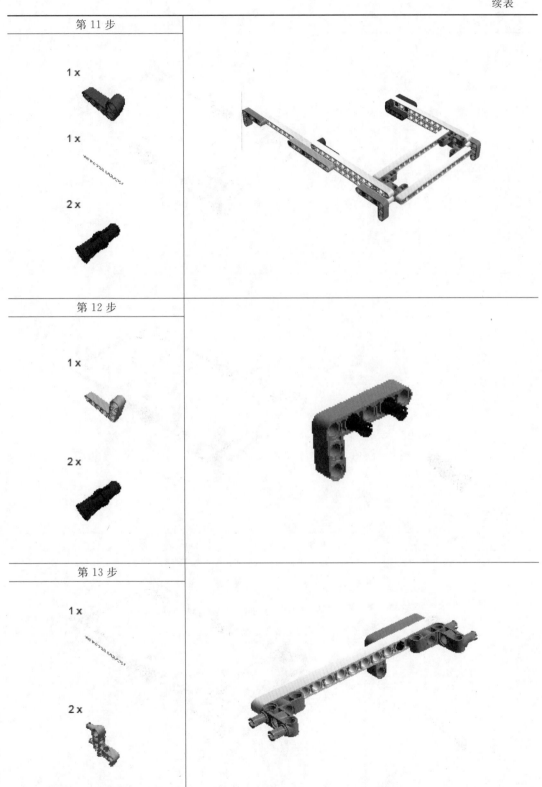

| 第 11 步 |
| 1x |
| 1x |
| 2x |

| 第 12 步 |
| 1x |
| 2x |

| 第 13 步 |
| 1x |
| 2x |

续表

第 14 步	连接	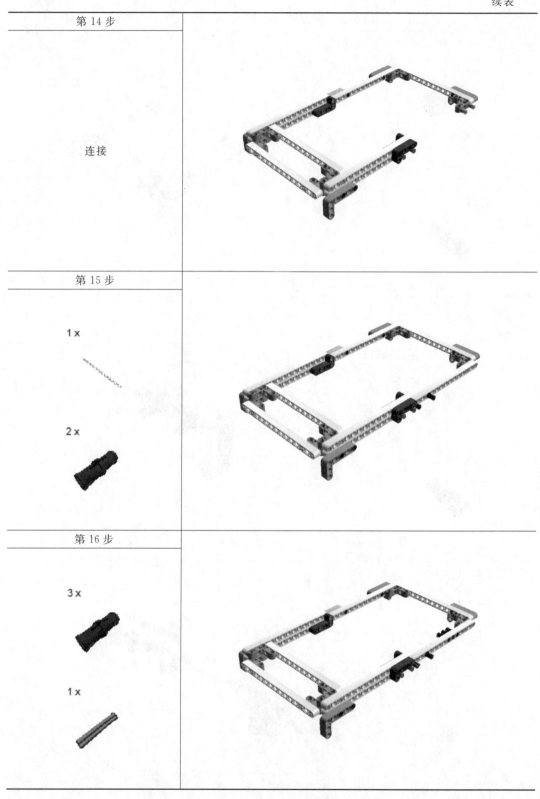
第 15 步	1× 2×	
第 16 步	3× 1×	

续表

第 17 步 1×	
第 18 步 1× 1× 1×	
第 19 步 1× 1× 1×	

续表

第 20 步	连接	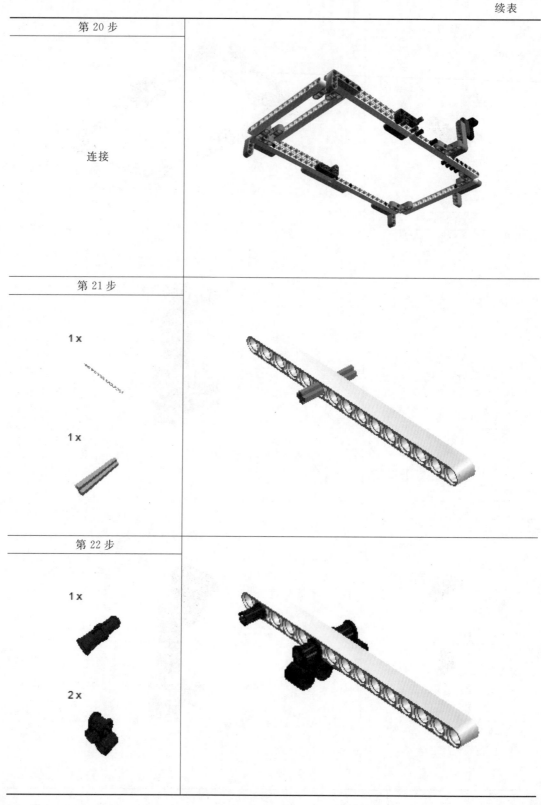
第 21 步	1x 1x	
第 22 步	1x 2x	

续表

第 23 步 1 x 1 x 1 x	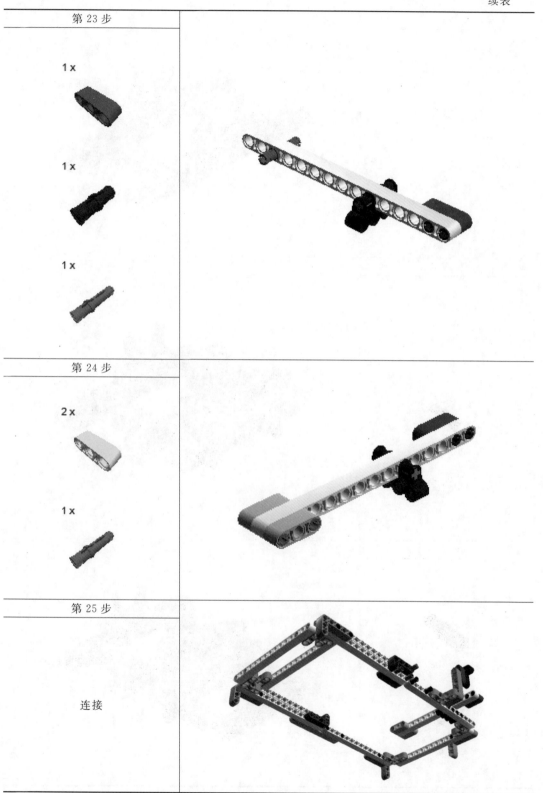
第 24 步 2 x 1 x	
第 25 步 连接	

续表

第 26 步	
2x 1x	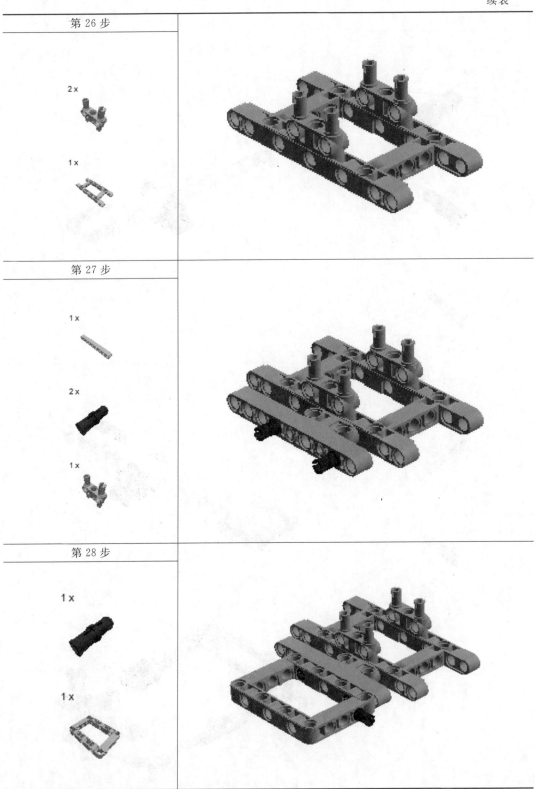
第 27 步	
1x 2x 1x	
第 28 步	
1x 1x	

续表

第 29 步 1x 2x	
第 30 步 1x 1x 1x	
第 31 步 1x 2x 1x	

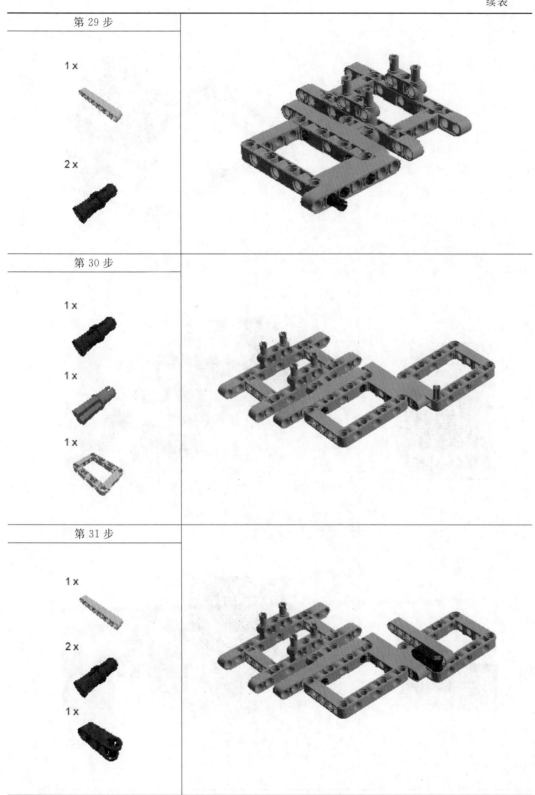

续表

第 32 步	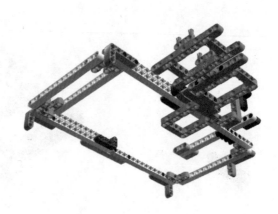
连接	
第 33 步	

第 34 步	

附录B 搭建参考

续表

第 35 步

3 ×		4141270 TECHNIC ANG. BEAM 4X2 90 DEG - Bright Red	1 ×		4211866 TECHNIC 9M BEAM - Medium Stone Grey	1 ×	4187136 TECHNIC 9M BEAM - Bright Yellow
1 ×		4552347 T-BEAM 3X3 W/HOLE Ø4.8 - Black	10 ×		4542578 TECHNIC 15M BEAM - White	4 ×	4211713 TECHNIC ANG. BEAM 3X5 90 DEG. - Medium Stone Grey
26 ×		4121715 CONNECTOR PEG W. FRICTION - Black	1 ×		4211807 CONNECTOR PEG - Medium Stone Grey	1 ×	4211815 CROSS AXLE 3M - Medium Stone Grey
1 ×		4206482 CONN.BUSH W.FRIC./CROSSALE - Bright Blue	8 ×		4514553 CONNECTOR PEG W. FRICTION 3M - Bright Blue	1 ×	6083620 CROSS AXLE 4M WITH END STOP - Dark Stone Grey
1 ×		4173970 CROSS BLOCK 3M - Black	2 ×		4140430 TECHNIC CROSS BLOCK 2X1 - Black	3 ×	4225033 BEAM 3 M. W/4 SNAPS - Medium Stone Grey
7 ×		4296209 Angular beam 90degr. w.4 snaps - Medium Stone Grey	2 ×		4539580 BEAM FRAME 5X7 Ø 4.85 - Medium Stone Grey	1 ×	4540797 BEAM H. FRAME 5X11 Ø4.85 - Medium Stone Grey

135

第 6 课　智能温控风扇

表 B-4　智能温控风扇搭建步骤

第 1 步	
第 2 步	
第 3 步	

附录 B 搭建参考

续表

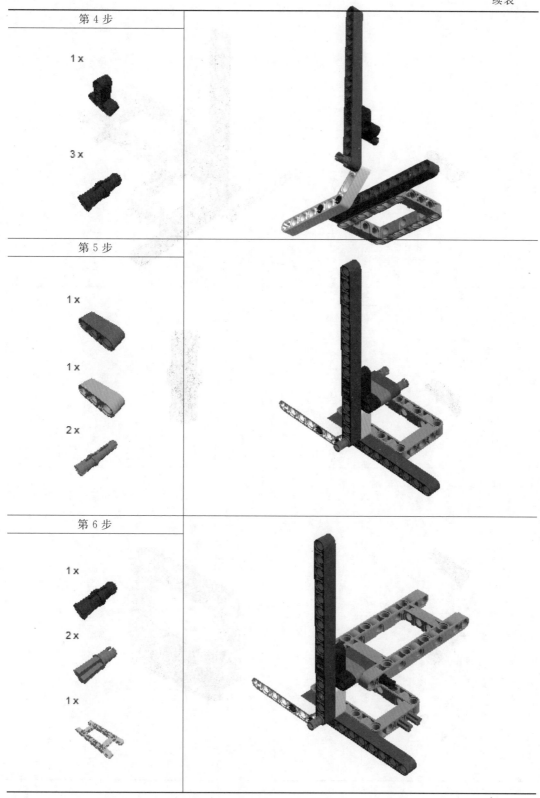

第 4 步	
第 5 步	
第 6 步	

137

续表

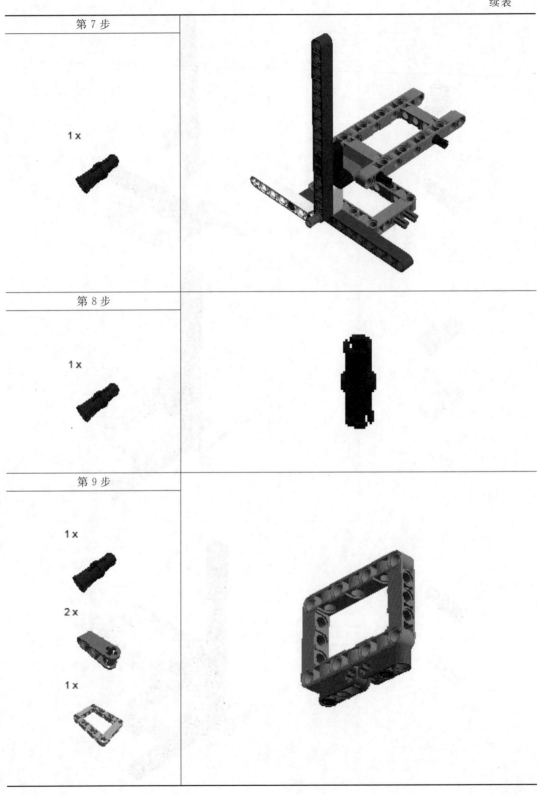

续表

第 10 步 连接	
第 11 步 1x 2x 1x	
第 12 步 2x 1x 1x	

续表

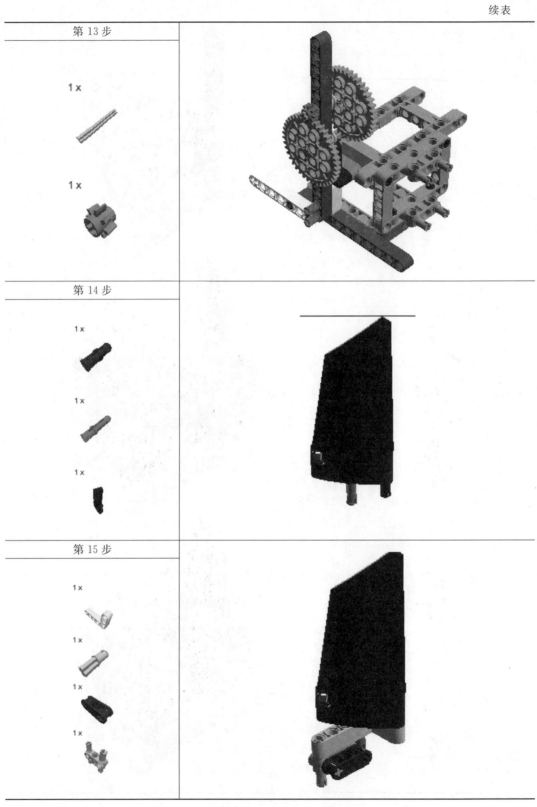

第 13 步	
1x 1x	

第 14 步	
1x 1x 1x	

第 15 步	
1x 1x 1x 1x	

续表

第 16 步	
连接	
第 17 步 1x	
第 18 步 1x 1x 1x 1x	

续表

第 19 步	
1x 1x	
第 20 步	
1x 1x 2x	
第 21 步 连接	

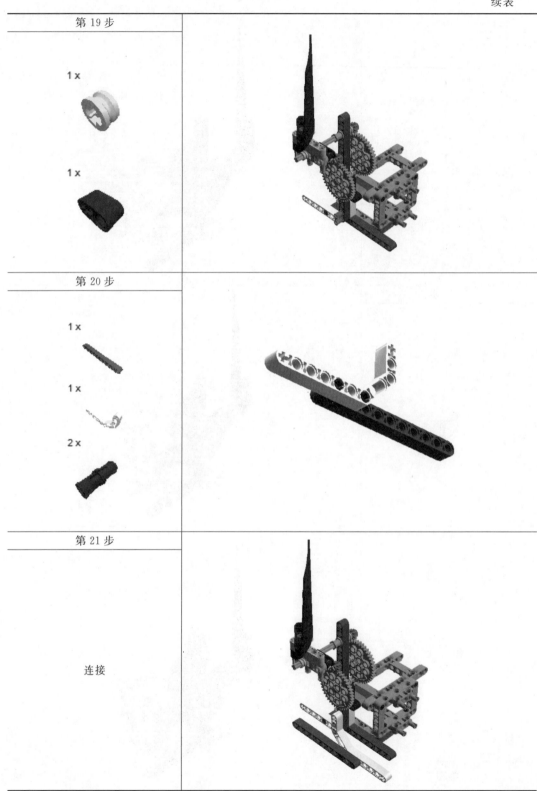

附录B 搭建参考

续表

第 22 步 2× 1×	
第 23 步 1×	
第 24 步 连接	

续表

第 25 步	 	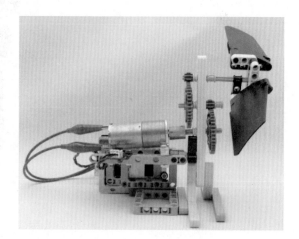
第 26 步		

续表

1 x		4153718 TECHNIC 3M BEAM - Bright Red	1 x		6007973 TECHNIC 3M BEAM - Dark Green	1 x		4552347 T-BEAM 3X3 W/HOLE Ø4.8 - Black
2 x		4562805 TECHNIC 11M BEAM - Bright Red	1 x		4542575 TECHNIC 15M BEAM - Bright Red	2 x		4144022 TECHNIC ANG. BEAM 3X5 90 DEG. - Bright Yellow
2 x		4495412 DOUBLE ANGULAR BEAM 3X7 45° - White	4 x		4239601 1/2 BUSH - Bright Yellow	16 x		4121715 CONNECTOR PEG W. FRICTION - Black
1 x		4211815 CROSS AXLE 3M - Medium Stone Grey	1 x		4666579 CONNECTOR PEG/CROSS AXLE - Brick Yellow	1 x		4211622 BUSH FOR CROSS AXLE - Medium Stone Grey
2 x		4206482 CONN.BUSH W.FRIC./CROSSALE - Bright Blue	5 x		4514553 CONNECTOR PEG W. FRICTION 3M - Bright Blue	2 x		4211639 CROSS AXLE 5M - Medium Stone Grey
1 x		6006140 BEAM 1X2 W/CROSS AND HOLE - Black	1 x		4121667 DOUBLE CROSS BLOCK - Black	2 x		4210857 CROSS BLOCK 3M - Dark Stone Grey
1 x		4535768 CROSS AXLE 9M - Medium Stone Grey	3 x		4225033 BEAM 3 M. W/4 SNAPS - Medium Stone Grey	2 x		4539880 BEAM FRAME 5X7 Ø 4.85 - Medium Stone Grey
1 x		4540797 BEAM H. FRAME 5X11 Ø4.85 - Medium Stone Grey	2 x		4514559 GEAR WHEEL T=8, M=1 - Dark Stone Grey	2 x		4285634 GEAR WHEEL 40T - Medium Stone Grey
1 x		4541326 LEFT PANEL 5X11 - Black	1 x		4543490 RIGHT PANEL 5X11 - Black			

第 7 课 胆小的蜘蛛

表 B-5 胆小的蜘蛛搭建步骤

第 1 步	
1 x	

续表

第 2 步	
1x 1x 1x 1x	

第 3 步	
1x 1x 2x	

第 4 步	
1x 1x 1x	

附录 B 搭建参考

续表

第 5 步	
3 x 1 x	
第 6 步	
2 x 1 x	
第 7 步 连接	

续表

第 8 步	
第 9 步 连接	
第 10 步	

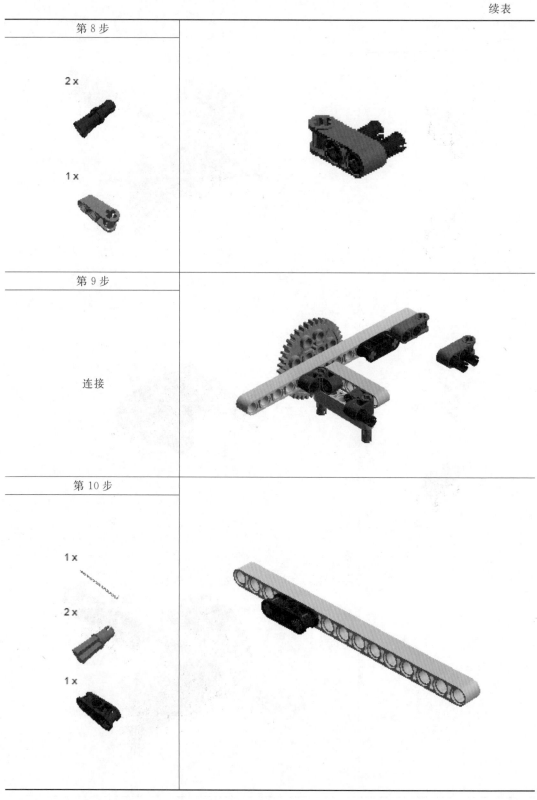

续表

第 11 步	连接
第 12 步	1 x
第 13 步	1 x 2 x 1 x

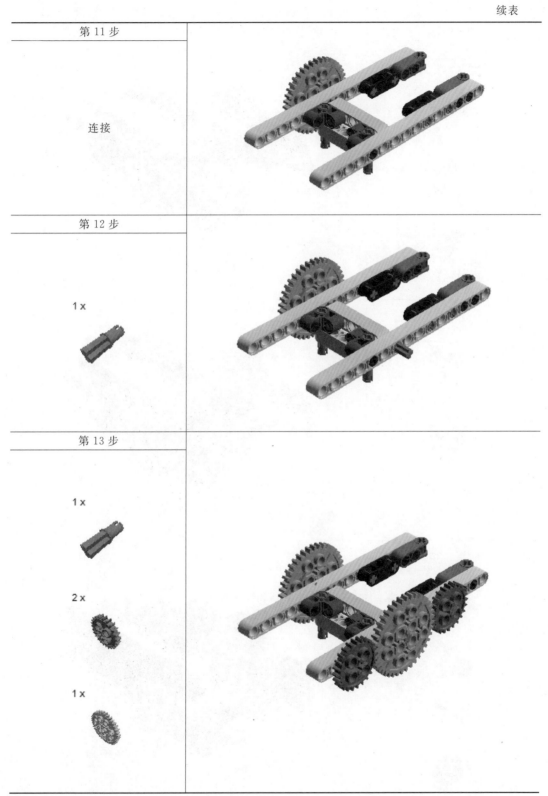

续表

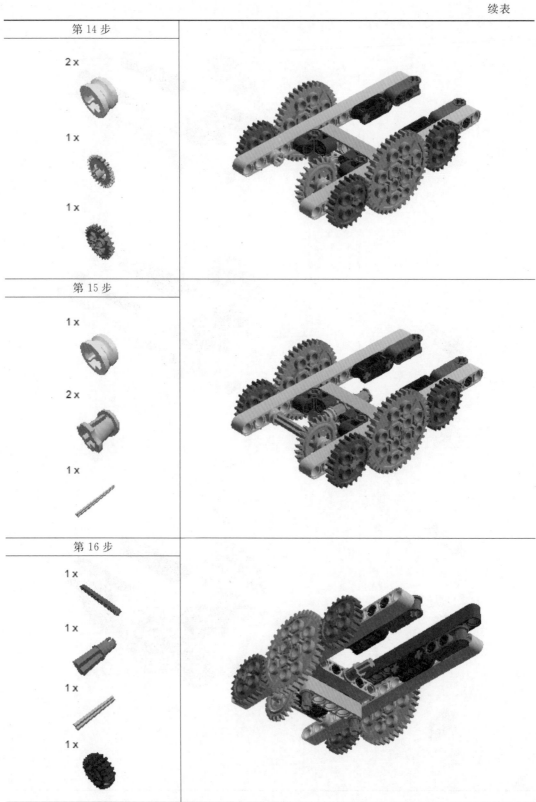

续表

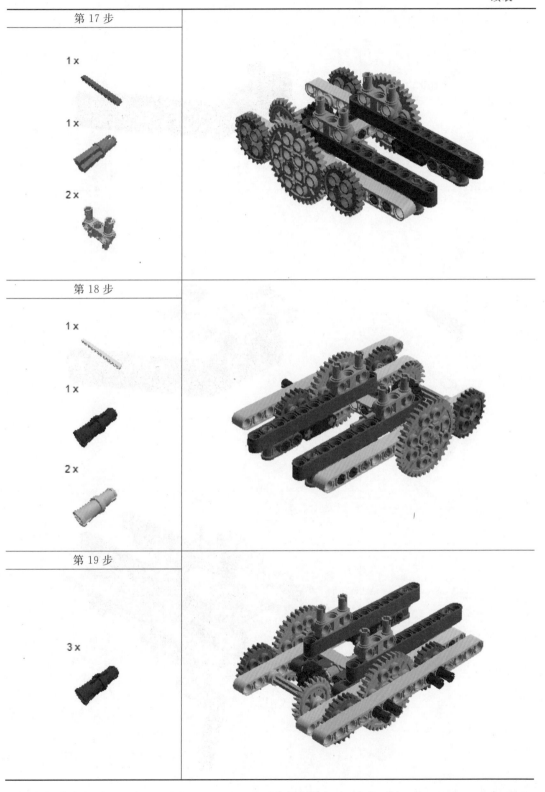

续表

第 20 步	
1 x 1 x	

第 21 步	
1 x 1 x 1 x 1 x	

第 22 步	
连接	

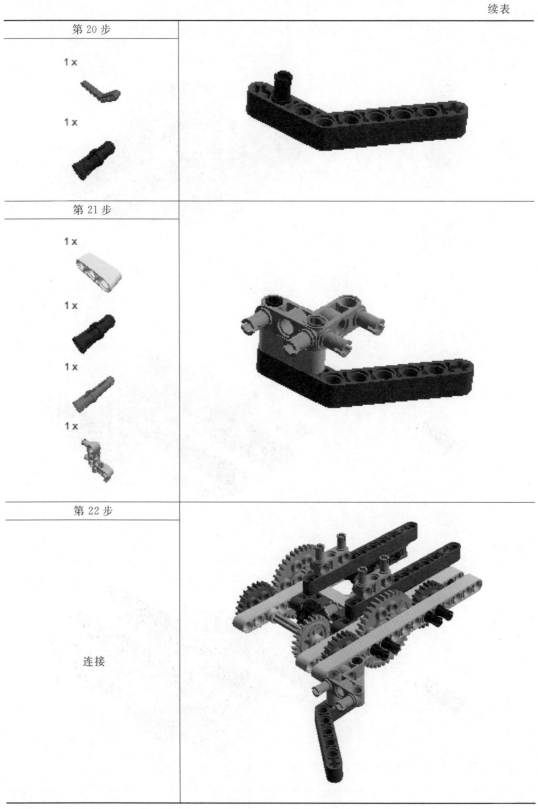

续表

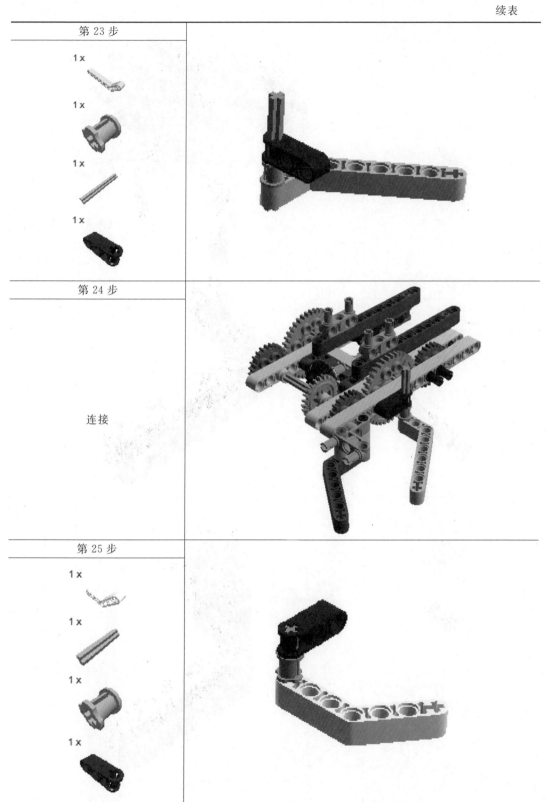

续表

第 26 步	
连接	
第 27 步 1x 1x	
第 28 步 1x 1x 1x 1x	

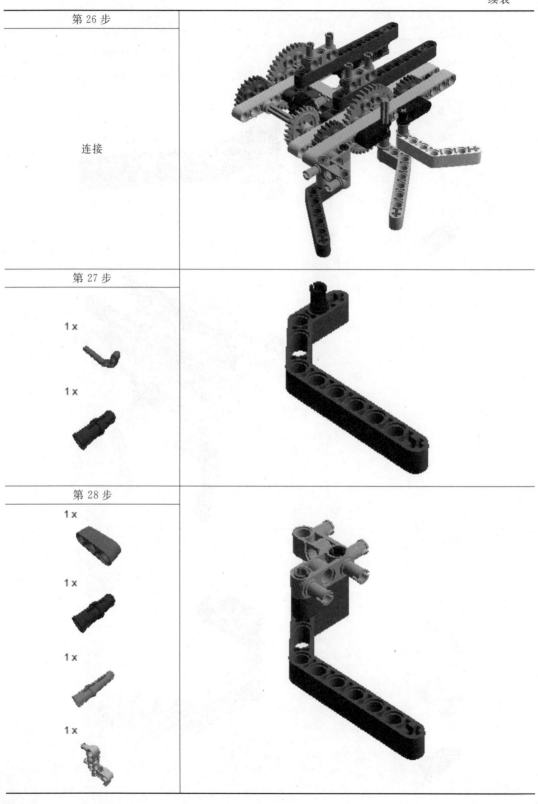

续表

第 29 步 连接	
第 30 步 1x 2x 1x	
第 31 步 1x 1x 1x 1x	

续表

第 32 步 1x 2x 1x	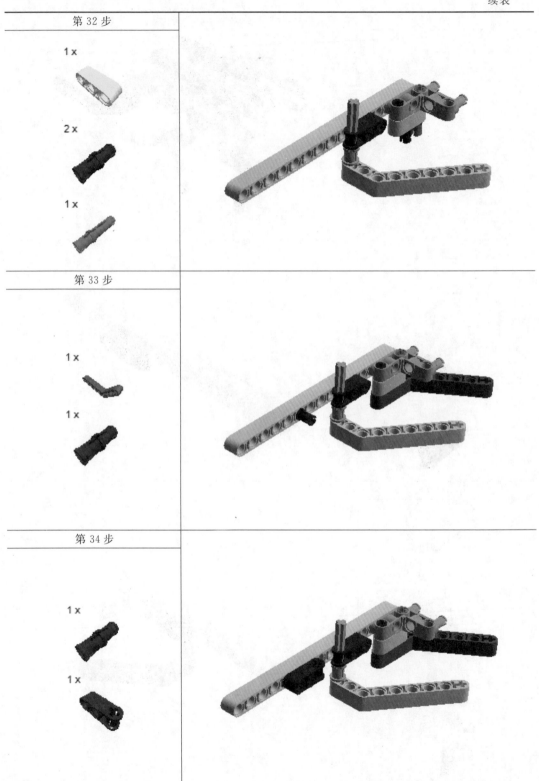
第 33 步 1x 1x	
第 34 步 1x 1x	

续表

第 35 步	
1x 1x 1x 1x	
第 36 步	
1x 2x 1x	
第 37 步	
1x	

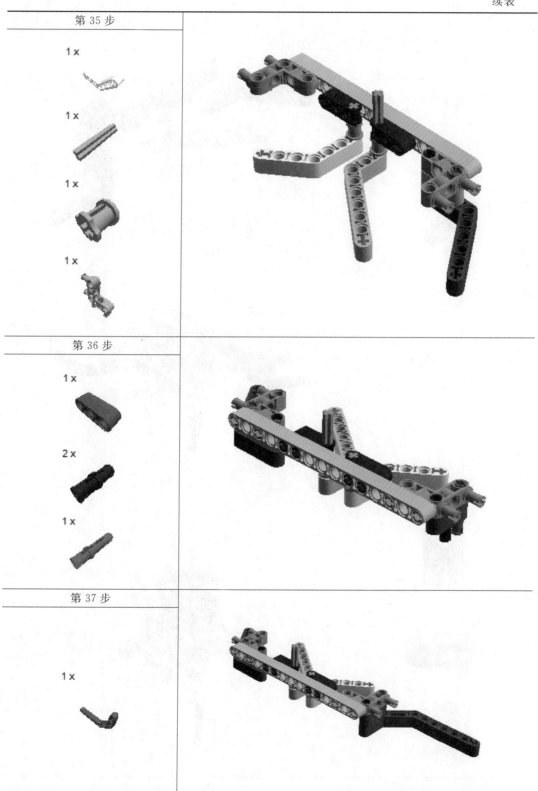

续表

第 38 步	
第 39 步 连接	
第 40 步	

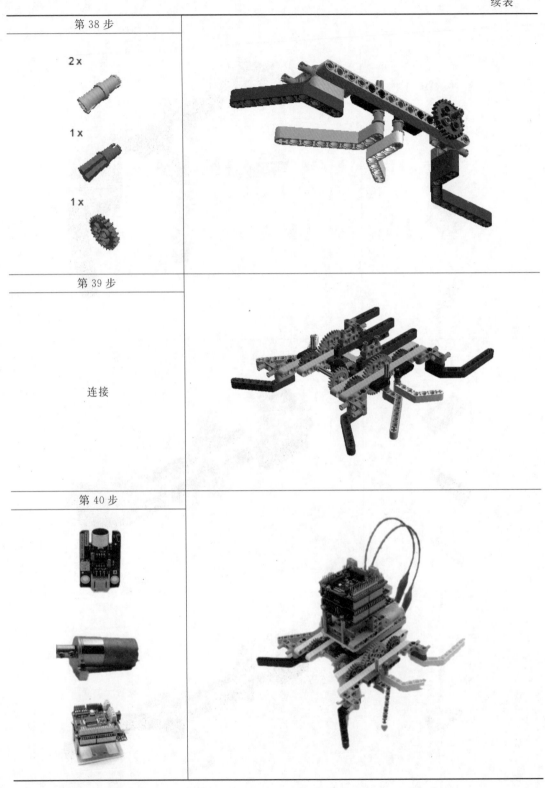

续表

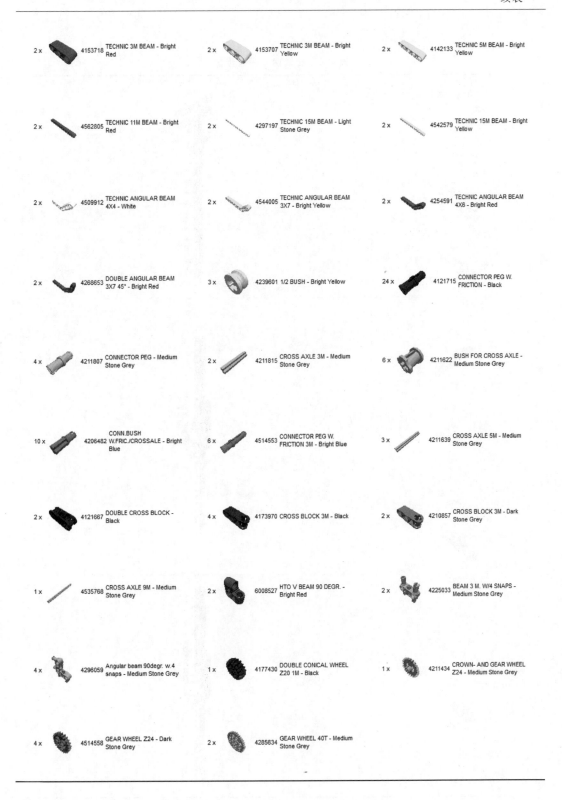

第 8 课　智能拐杖

表 B-6　智能拐杖搭建步骤

第 1 步	
1x, 1x, 2x	
第 2 步	
1x, 1x, 1x, 1x	
第 3 步	
1x	

附录B 搭建参考

续表

第 4 步	
1x 1x	
第 5 步	
连接	
第 6 步	
1x 1x	

续表

第 7 步	
1 x 3 x	
第 8 步	
1 x 2 x	
第 9 步	
1 x 2 x	

续表

第 10 步	
连接	
第 11 步	
1× 2×	
第 12 步	
连接	

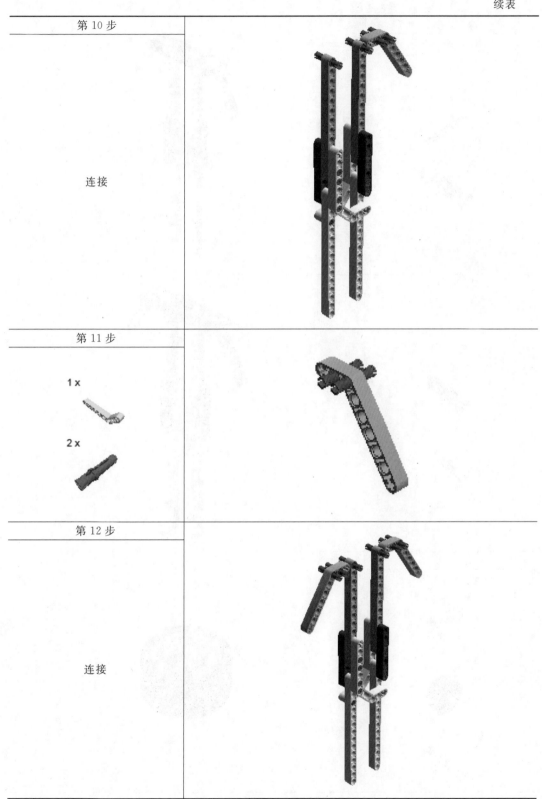

续表

第 13 步 2x 1x	
第 14 步 1x 1x	
第 15 步 1x 1x 1x	

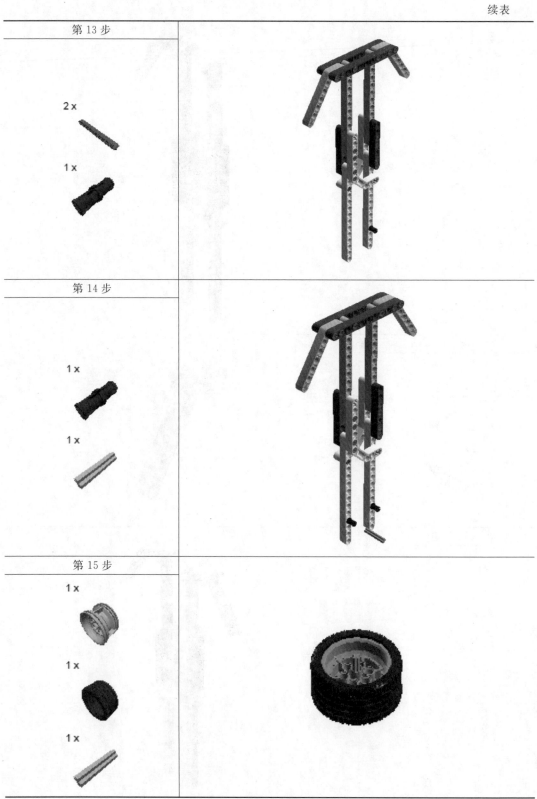

续表

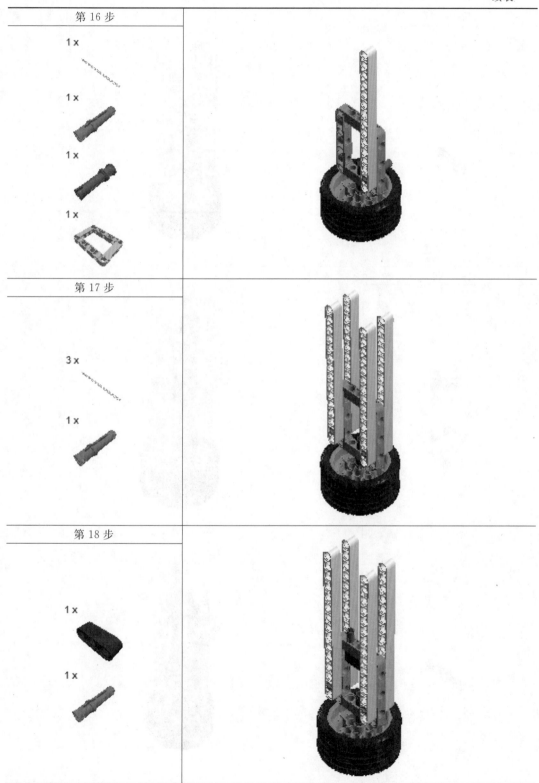

第 19 步	
第 20 步	
第 21 步	

续表

第 22 步	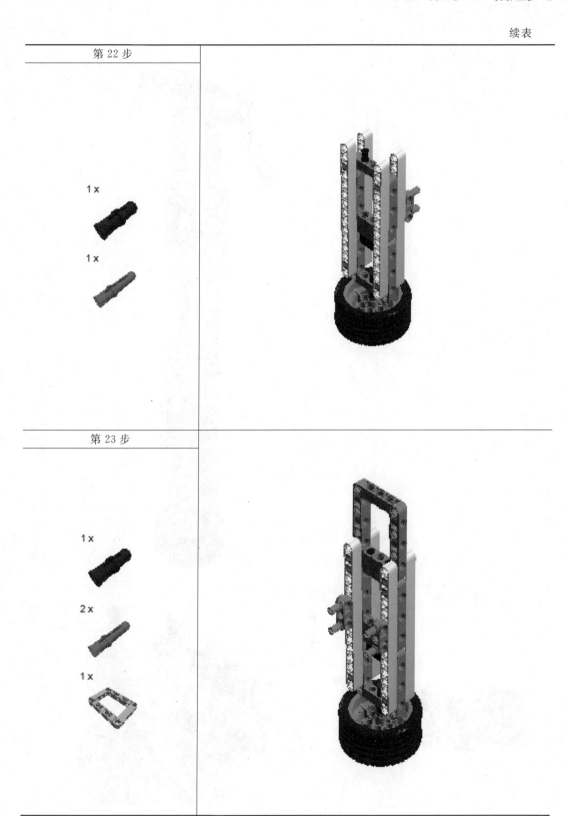
1x 1x	
第 23 步	
1x 2x 1x	

续表

第 24 步	连接	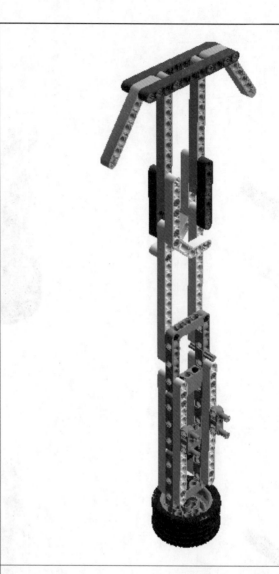
第 25 步		

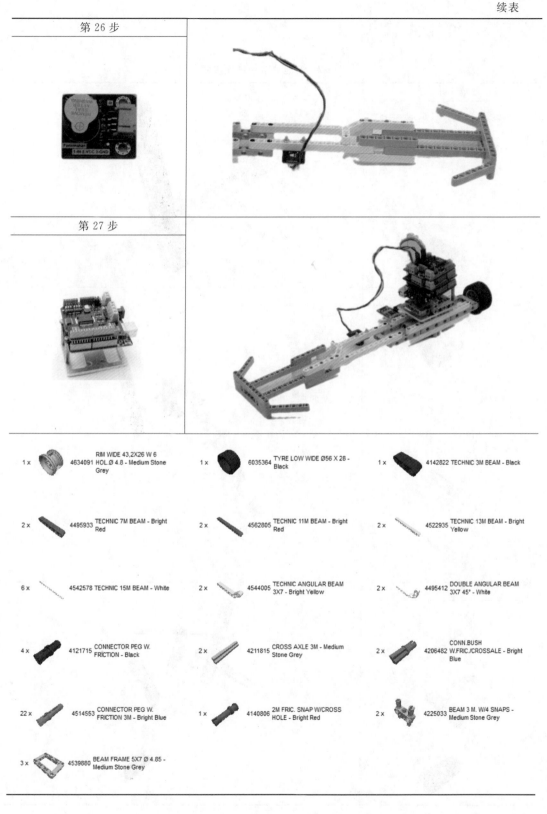

续表

第 9 课　智能竹节虫

表 B-7　智能竹节虫搭建步骤

第 1 步	
1x 1x 1x	
第 2 步	
1x 1x 1x	
第 3 步	
1x 1x 1x	

续表

第 4 步	
1x 1x	
第 5 步 连接	
第 6 步 1x	

续表

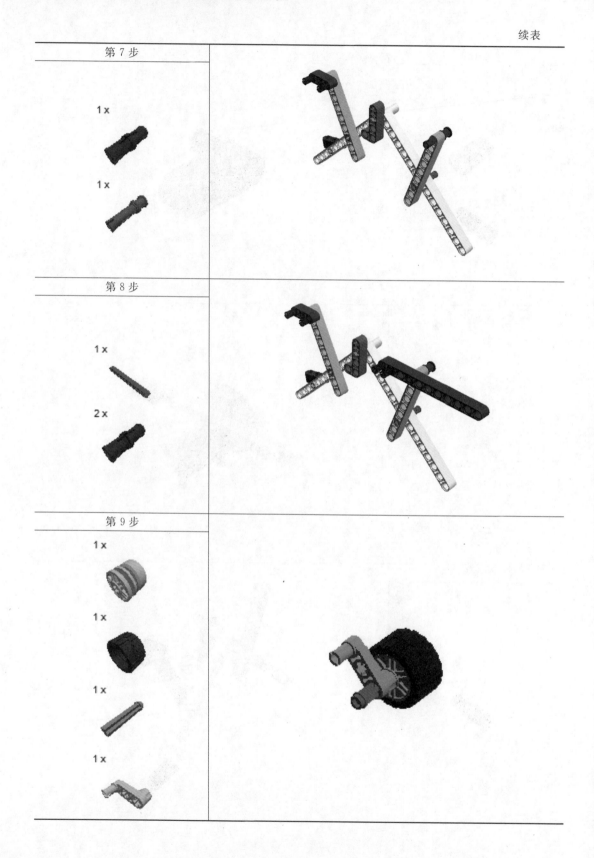

续表

第 10 步	连接
第 11 步	
第 12 步	连接

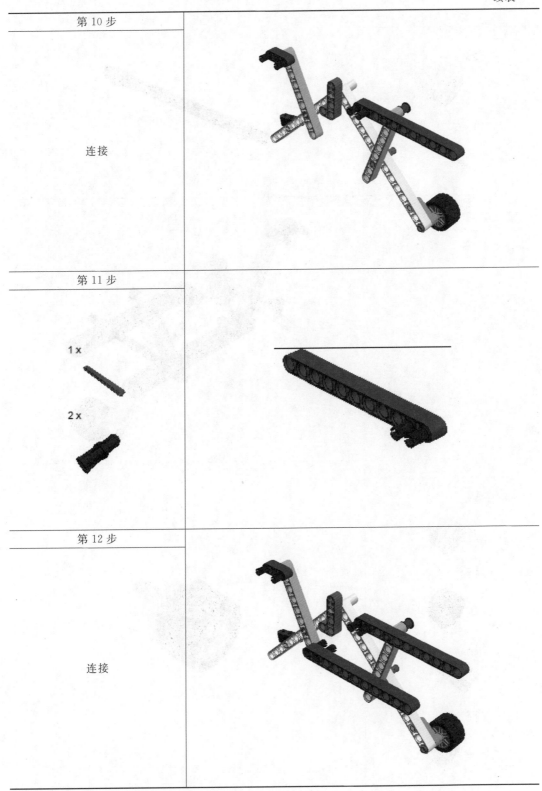

续表

第 13 步	
2x 1x	
第 14 步	
连接	
第 15 步	
1x 1x 1x 1x	

续表

第 16 步	连接	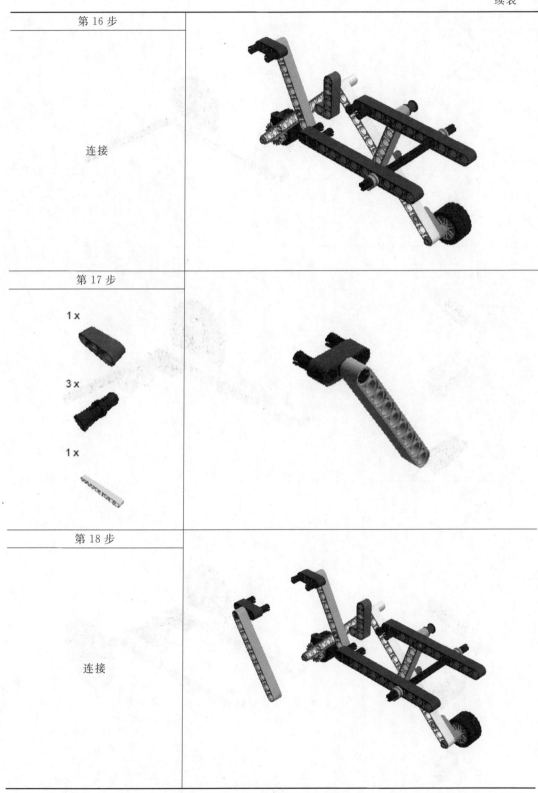
第 17 步	1x 3x 1x	
第 18 步	连接	

续表

第 19 步	
1x 1x 1x	

第 20 步	
1x 2x 1x	

第 21 步	
1x 1x 1x 1x	

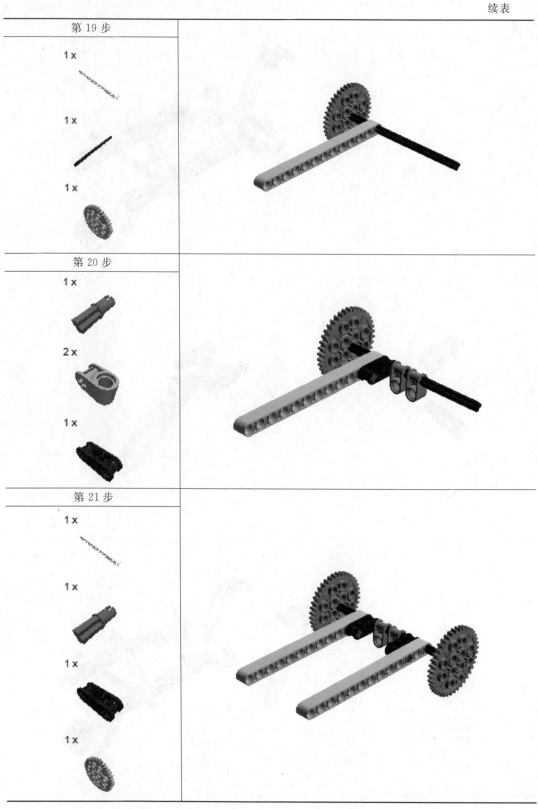

附录B 搭建参考

续表

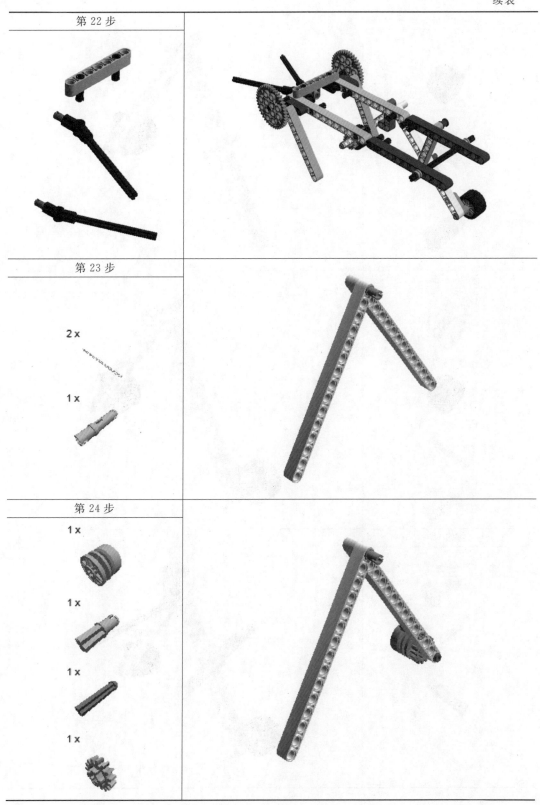

第 22 步	
第 23 步 2x 1x	
第 24 步 1x 1x 1x 1x	

177

续表

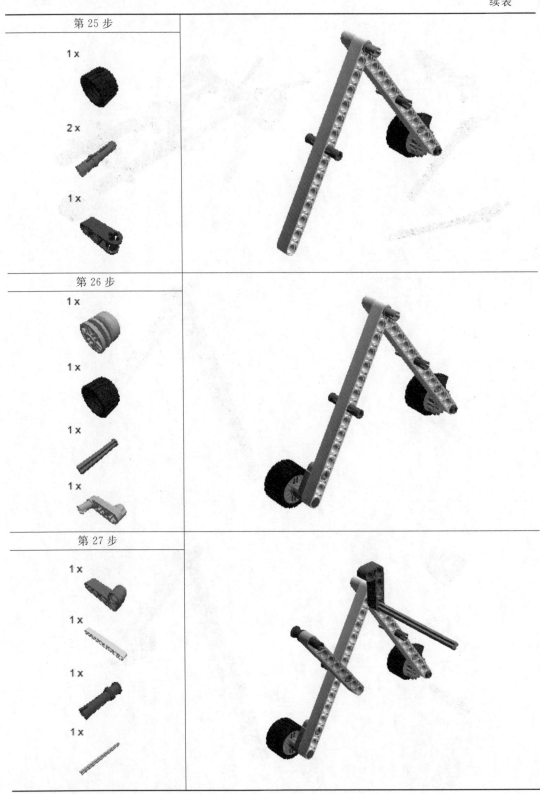

附录B 搭建参考

续表

第 28 步 1 x	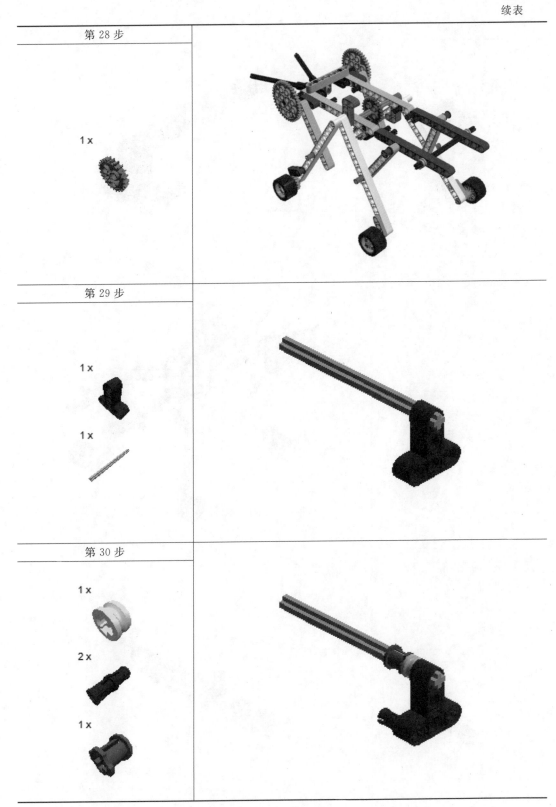
第 29 步 1 x 1 x	
第 30 步 1 x 2 x 1 x	

179

续表

第 31 步	
3x 1x	
第 32 步	
连接	
第 33 步	
1x 2x	

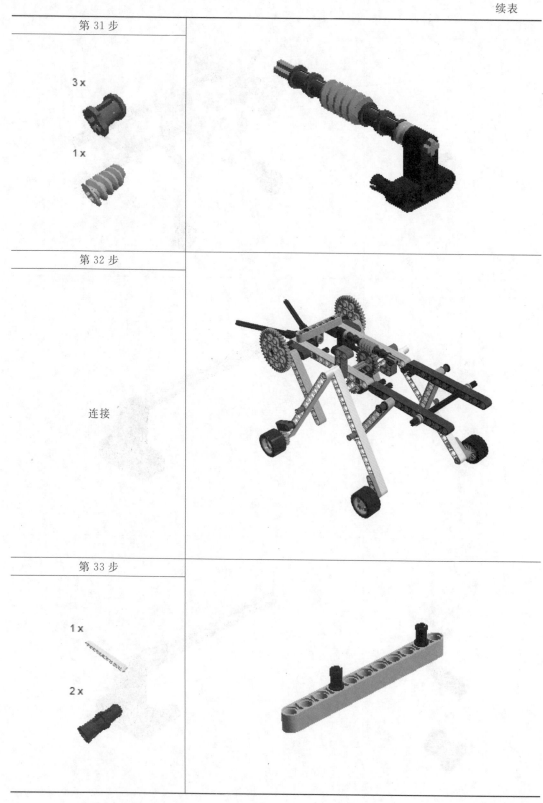

附录B 搭建参考

续表

第 34 步	
1x 2x 1x	

第 35 步	
2x 2x	

第 36 步	
2x 2x	

续表

第 37 步	连接	
第 38 步		
第 39 步		

附录B 搭建参考

续表

第 40 步

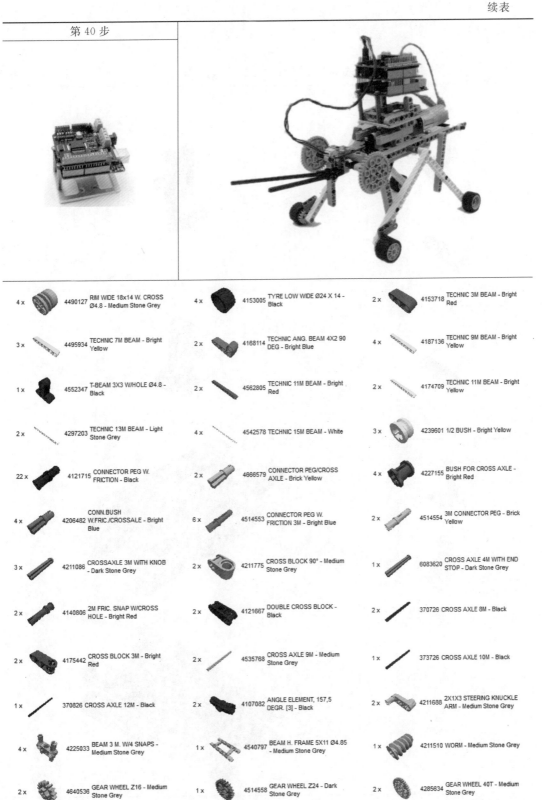

数量	图	编号	名称	数量	图	编号	名称	数量	图	编号	名称
4 x		4490127	RIM WIDE 18x14 W. CROSS Ø4.8 - Medium Stone Grey	4 x		4153005	TYRE LOW WIDE Ø24 X 14 - Black	2 x		4153718	TECHNIC 3M BEAM - Bright Red
3 x		4495934	TECHNIC 7M BEAM - Bright Yellow	2 x		4168114	TECHNIC ANG. BEAM 4X2 90 DEG - Bright Blue	4 x		4187136	TECHNIC 9M BEAM - Bright Yellow
1 x		4552347	T-BEAM 3X3 W/HOLE Ø4.8 - Black	2 x		4562805	TECHNIC 11M BEAM - Bright Red	2 x		4174709	TECHNIC 11M BEAM - Bright Yellow
2 x		4297203	TECHNIC 13M BEAM - Light Stone Grey	4 x		4542578	TECHNIC 15M BEAM - White	3 x		4239601	1/2 BUSH - Bright Yellow
22 x		4121715	CONNECTOR PEG W. FRICTION - Black	2 x		4666579	CONNECTOR PEG/CROSS AXLE - Brick Yellow	4 x		4227155	BUSH FOR CROSS AXLE - Bright Red
4 x		4206482	CONN.BUSH W.FRIC./CROSSALE - Bright Blue	6 x		4514553	CONNECTOR PEG W. FRICTION 3M - Bright Blue	2 x		4514554	3M CONNECTOR PEG - Brick Yellow
3 x		4211086	CROSSAXLE 3M WITH KNOB - Dark Stone Grey	2 x		4211775	CROSS BLOCK 90° - Medium Stone Grey	1 x		6083620	CROSS AXLE 4M WITH END STOP - Dark Stone Grey
2 x		4140806	2M FRIC. SNAP W/CROSS HOLE - Bright Red	2 x		4121667	DOUBLE CROSS BLOCK - Black	2 x		370726	CROSS AXLE 8M - Black
2 x		4175442	CROSS BLOCK 3M - Bright Red	2 x		4535768	CROSS AXLE 9M - Medium Stone Grey	1 x		373726	CROSS AXLE 10M - Black
1 x		370826	CROSS AXLE 12M - Black	2 x		4107582	ANGLE ELEMENT, 157,5 DEGR. [3] - Black	2 x		4211688	2X1X3 STEERING KNUCKLE ARM - Medium Stone Grey
4 x		4225033	BEAM 3 M. W/4 SNAPS - Medium Stone Grey	1 x		4540797	BEAM H. FRAME 5X11 Ø4.85 - Medium Stone Grey	1 x		4211510	WORM - Medium Stone Grey
2 x		4640536	GEAR WHEEL Z16 - Medium Stone Grey	1 x		4514558	GEAR WHEEL Z24 - Dark Stone Grey	2 x		4285634	GEAR WHEEL 40T - Medium Stone Grey

第 15 课　红外遥控机器人

表 B-8　红外遥控机器人搭建步骤

第 1 步	
1x 2x	
第 2 步	
1x	
第 3 步	
2x 2x	
第 4 步	
连接	

续表

第 5 步	2x	
第 6 步	1x 3x	
第 7 步	1x 3x	
第 8 步	1x 2x 1x	

续表

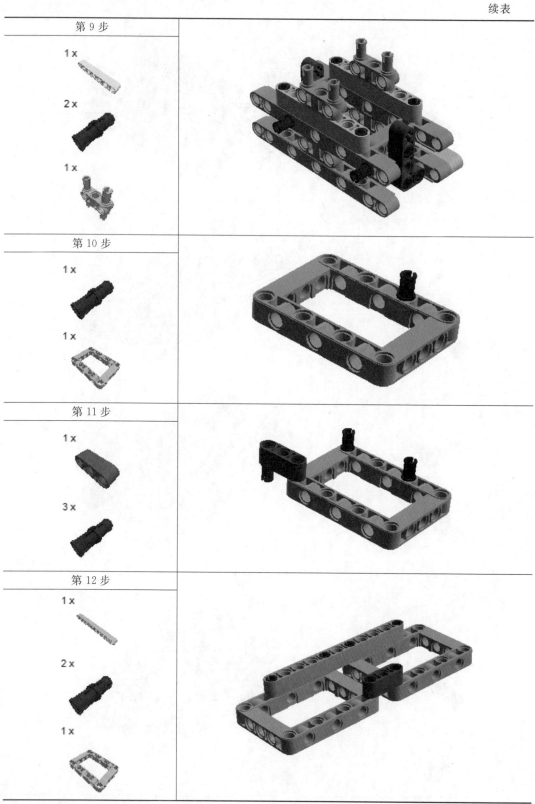

第 9 步	
1x 2x 1x	
第 10 步	
1x 1x	
第 11 步	
1x 3x	
第 12 步	
1x 2x 1x	

续表

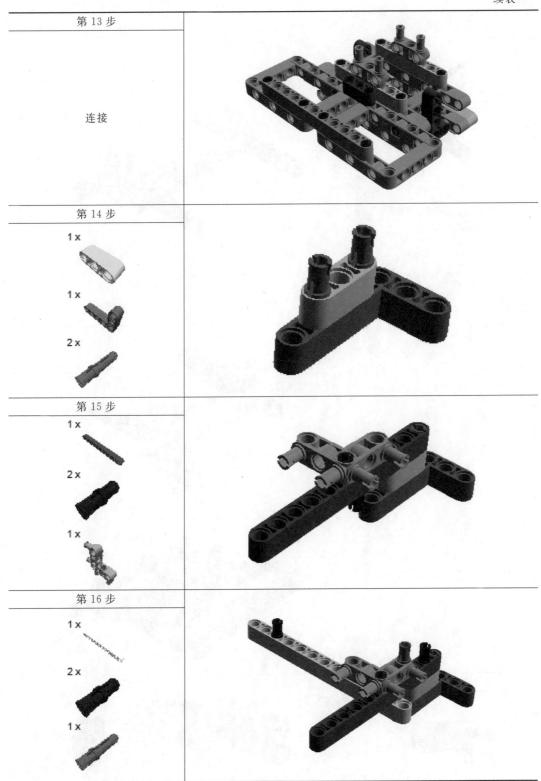

续表

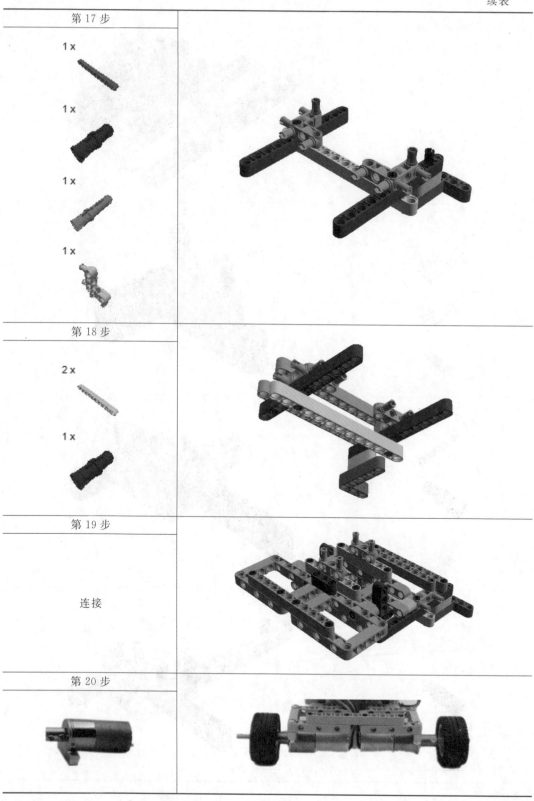

第17步	
1x 1x 1x 1x	
第18步	
2x 1x	
第19步 连接	
第20步	

续表

第 21 步	
第 22 步	
第 23 步	

Arduino & 乐高创意机器人制作教程

续表

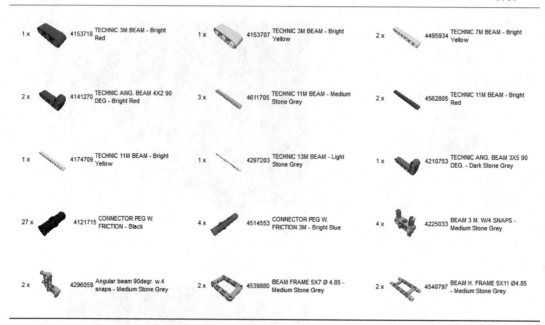

Arduino & 乐高创意机器人制作套装

Arduino & 乐高创意机器人制作套装的外观如下图所示，套装的组件清单如表 B-9 所示。

表 B-9 机器人套装组件清单

序 号	元器件名称	数 量
1	Arduino Uno 主板	1
2	Arduino 电机扩展板	1
3	Arduino 传感器扩展板	1
4	数字绿色 LED 发光模块	2

附录B 搭建参考

续表

序　号	元器件名称	数　量
5	数字蜂鸣器模块	1
6	模拟LM35线性温度传感器	1
7	模拟环境光传感器	1
8	数字循线传感器	1
9	碰撞传感器（左和右）	2
10	数字大按钮模块	1
11	红外接收传感器	1
12	模拟声音传感器	1
13	超声波传感器	1
14	直流减速电机	2
15	锂电池	1
16	遥控器	1
17	乐高积木配件（套）	1
18	电机固定件	2
19	轴连接器	2
20	控制器固定件	1

本书中的Arduino软件和设备信息可在QQ群"高山老师读者群"（56720987）中进行下载和咨询。